金商道

The positive thinker sees the invisible, feels the intangible,
and achieves the impossible.

惟正向思考者，能察於未見，感於無形，達於人所不能。 ── 佚名

Consumer to Business

C2B
逆商業時代

盧希鵬 / 商業周刊 —— 著

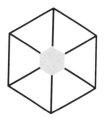

目錄

Today 今天

第一章

商業，為何逆著來？ 023

Tomorrow 明天

Tomorrow 明天

Day after Tomorrow 後天

未來主戰場不在科技，而在營運

　　熟識盧希鵬老師的朋友都知道，盧老師研究互聯網與電子商務長達20年，在這個領域著作等身，可稱此領域一代宗師。這20年歷經互聯網、移動互聯網一波又一波的巨浪衝擊，各企業也從「看不起」到「看不懂」，至今已是急切想找方法跟上。盧老師透過「今天」、「明天」、「後天」三段論述，清楚勾勒出在這些新浪潮衝擊下，「零售」、「製造」、「金融」三大領域，如何形成了翻天覆地的巨型變革。再輔以數十個《商業周刊》採訪的案例，用理論與實務，清楚描繪出立體場景，相信可以為許多在這巨變時代下迷茫的經營者，指引出幾條可行的道路。

　　現今各產業經營者面臨的挑戰，絕非簡單的把互聯網如加法般添上去就能解決問題，需要的是深入企業DNA的數位轉型變革。然而轉型變革，如脫胎換骨之痛，難以改變。但是，能不變嗎？不變，就等著被改變或被消滅。

　　我身處的零售行業，清晰可見產業內品牌所面對的重大挑戰。過往品牌藉由IT科技，讓實體通路迅速擴張又能有效管理。但是當互聯網浪潮一來，電子商務這門必修課，讓許多品牌重修

數次都還沒過關，下一波移動互聯網、IoT（物聯網）等新浪潮又緊接著到來。所以當品牌新零售風潮一起，品牌經營者都很遲疑該不該立即切入。因為在零售行業，實體品牌很難做，虛擬品牌也不好做，那虛實融合的新零售豈不是更難做嗎？有人能成功嗎？都還不會操作電子商務虛擬通路，有能力操作虛實融合的新零售嗎？

另一方面，所有品牌經營者卻又急切告訴我，他們知道不僅年輕人，就連年長者每天的時間都被線上與線下瓜分，**這代表消費者的生活早已線上／線下融合，所以品牌與消費者溝通當然也要線上／線下融合，銷售通路自然也要虛實融合**，不能只靠實體，更不能只靠虛擬。品牌經營者普遍認為，新零售已是大勢所趨，不是該不該做的問題，而是該如何做的問題；該如何做，才是主需求、主痛點。

當新一波浪潮來臨（以電子商務為例），首先是看誰能克服基礎技術問題，這是變革的第一階段。誰能跨過這個門檻就能取得機會。所以，首批領先進入新領域的，大部分是有技術能耐的新公司。可是，當技術成熟或是有新技術服務商出現後，新浪潮就會迅速邁入第二階段。這階段的決勝點，是電子商務的營運Know How，誰懂營運，誰就可以駕馭新技術掌握新機會。回到新零售場景，當你有能力、有技術打通線上／線下環

節，以會員為中心整合線上／線下全景數據後，卻會發現新零售創造的將是更大量的新問題（不打通看不到），例如：

1. 線上／線下資料如何在異質系統間即時更新。

2. 線上／線下通路如何聯合操作會員活動。

3. 門市銷售人員如何偕同線上銷售，轉型為全通路（Omni-channel）銷售專家。

4. 公司需要全新的經營策略，讓行銷、活動、通路、獎金制度等要素，可以在新的融合環境下協同運作。

在未來新零售領域，除了技術支持外，更需要大量新零售經營Know How，用這套新的營運方法，滿足消費者真正的需求。當這套Know How快速成熟，新零售將會劇烈改寫零售行業的版圖，**新零售對零售業整體的衝擊，將遠遠超過電子商務對實體零售的影響，甚至在未來，電子商務將會被稱為傳統產業。**

一位合作的品牌老闆很興奮分享：「踩進新零售後，才發覺這是打造整個品牌經營變革的基礎，這也將是未來品牌成長的關鍵。」新零售將是所有零售品牌未來決戰重點，太晚切入全盤皆輸，唯有盡早進場，才有機會成為下一波贏家。

何英圻

91 APP **九易宇軒董事長**

不立不破：從後天到明天

自有人類文明以來，在90%的年代，技術、經濟和社會發展都極其緩慢，不太需要思考未來，因為未來10年、20年甚至100年都不會有太大變化，下一代人將要面對的世界與上一代人所經歷的世界也不會有什麼不一樣。但是，當人類處於另外10%的年代，情況則迥然不同，比如200多年前工業革命的年代和當今訊息革命的年代。與工業革命一樣，以互聯網為核心的訊息技術引發的這場訊息革命，不僅是技術、經濟和社會的快速發展，更是一場技術、經濟和社會的典範大轉型，工業時代的典範正在瓦解，訊息時代的典範正在湧現。

這就需要我們對未來有一個全新的思路，不能從今天規劃明天，而要從後天規劃明天。如果僅僅從今天規劃明天，規劃的目標、思路和思維方式，都會受到今天的資源、人才、模式和流程的束縛，很難有所突破。反之，如果圍繞新典範展開想像，將遠見迥異於今天的後天；基於後天規劃明天，就可能有所顛覆和創新。這就是我這些年常說的「後天觀」：

為了抵達明天，必須遠望後天，否則明天只是又一個今天。

從今天到明天很難，從後天到明天較易。

知易行難。在典範大轉型的時代，束縛我們遠見後天的是一整套工業時代的知識體系、思維方式和基本假設，是無處不在的被工業時代格式化的感知和經驗，是我們久已固化而不自覺的見識和思想。每個人都是井底之蛙，常會以自己的見識和思想做成一口井，陷進去，局限自己的眼界，以井蛙之見看待世界，對待別人。井底之蛙不可怕 —— 我們每個人無一例外都是井底之蛙，但應該做一隻有自覺的井底之蛙，努力不斷地從井底往上跳，突破自己，拓展視野，展開想像，走向未來。

怎麼走？指望所有的井底之蛙一齊往上跳並不現實。指望一二三齊步走，傳統企業同步轉型也不可能。指望鬥垮舊經濟，然後發展新經濟更不對路。新生事物大多是邊緣革命的產物，往往是先有一個新的、小的、甚至微不足道的增量，然後增量逐漸崛起，推動和催化存量轉型或者消解，最終完成整體轉型。

關鍵是「立」，而不是「破」。不立不破。立字當頭，破也就在其中了。

20年來，在以雲網端（雲計算、互聯網和智能終端）為核心的新基礎設施、以數據為核心的新生產要素、以大規模協作和共享為核心的新結構等三大動力的推動下，湧現出以網商和電子商務平台為代表的新商業主體，以網路零售為核心的新市場，和以

電子商務服務業為核心的新商業模式、商業形態和商業生態，平台經濟由此崛起並催生出亞洲市值最高的阿里巴巴經濟體，以個人、消費者、創業者、小微企業和服務商等在線協作和共享為特徵的「自由連接體」正在進入主流。淘寶網就是在這樣的大潮中「立」起來的。淘寶網上，擁有約5億消費者，約20億件商品，1千多萬個商家，每天產生約3千萬件包裹，2016年雙11，一天交易額是人民幣1,207億元（折合新台幣約5431.5億元）。淘寶網被《經濟學人》稱為「世界上最偉大的集市」。

　　訊息時代的經濟形態正在成型。從中觀看，正在形成微經濟、共享經濟和平台經濟「三位一體」的經濟形態。從宏觀看，經濟體系正在從工業時代的「三次產業」和橫向分工，向訊息時代的「三層生態」和縱向共享轉型。第一產業、第二產業和第三產業，是基於橫向分工劃分的；三層生態即基礎設施、平台和自由連接體，是基於縱向共用劃分的。**當世界以這樣的速度、力度和顛覆度展開典範大轉型時，最重要的問題是：**

　　後天的世界，有你的位置嗎？

　　盧希鵬教授長期致力於互聯網、電子商務和管理創新研究，兩岸聲名卓著，是唯一擔任過全球十大網商評委並在網商大會主旨演講的在臺專家，對阿里巴巴、網商、電子商務和互聯網金融等均有深入研究和卓越見解，並在移動互聯網時代到來之際提出

「隨經濟」這一極具創新和啟發的概念和理論，影響深遠。

《C2B逆商業時代》是面向後天，以立為本，以C2B為軸心，率先分析和展望「五新」經濟的力作，系統闡述了新零售、新製造、新金融、新能源和新技術等近來引起廣泛關注的五個新，並輔之以豐富詳實的案例，恰逢其時，對於每一個人、每一家企業、每一個地區如何找到和確定其在後天的位置，如何跳出井底、拓展視野、走向未來，都是很好的借鑒和指南。

是為序。

梁春曉

阿里研究院高級顧問，信息社會50人論壇理事

2017年8月12日於北京

一場天翻地覆的變革

　　歡迎來到「逆商業時代」。這是人類7萬年的歷史中，才剛開始展開的一段新商業文明；在人類的發展史中，每逢商業文明的轉變，都是財富重新洗牌的開始。

　　依照以色列歷史學家哈拉瑞（Yuval Noah Harari）所著的《人類大歷史》（*Sapiens: A Brief History of Human kind*）一書，現代人類始於7萬年前的智人（Homo sapiens），因為人類學會傳述看不見的概念（如文化願景與理論哲學），這樣的認知革命讓人類開始可以與陌生人合作，建立龐大帝國，不過仍以狩獵囤積為主；接下來在1萬2千年前的農業革命，讓人類定居下來，豢養牲畜與耕田，糧食產量穩定且充足，於是有了預測、儲存與產業分工搬有運無的大量商業現象，金錢、帝國、宗教帶來了人類大融合。

　　直到500年前，科學革命帶來快速進步，影響之後的資本主義、航運技術、工業革命，促成20世紀的全球化發展。現在的互聯網革命，導致區域文化正快速消失，進一步促成全球大一統。在人類發展史上，互聯網帶來了毀滅，也帶來了新生契機，現正在發生的C2B逆商業，就是一種毀滅，也是一種新生。

C2B逆商業時代是一種新的科技革命，我稱之為是由隨科技（Ubiquitous Technology）所產生的隨經濟（Ubiquinomics），毀滅的是以企業為主導的大量生產，新生的是以個人為核心的碎片化生產。在工業時代，不會存在「以客戶為導向」的公司，因為整條供應鏈，都是由上游付錢給下游驅動的。舉例來說，如果A公司的業務跟客戶說，你應該買競爭對手B公司的產品時，你覺得A公司的老闆會高興嗎？如果A公司的業務跟老闆說，「你不是要我為客戶著想嗎？我覺得客戶真正需要的是B公司的產品。」你覺得老闆會接受嗎？別傻了，在工業時代，為客戶著想的真正意義在於，「請以客戶的語言哄騙客戶，讓客戶以為他真正需要的是我們公司的存貨。」因為存貨，是工業時代製造後再銷售的巨大成本。

　　工業時代之後，人類出現了「獨立自我空間」的需求。在人類的歷史中，7萬年來人類只要脫離家庭與社群的保護與支持，是無法獨立生存的。即使在工業化的社會裡，人們離開了家族，來到城市裡工作，但這還是一個企業主導的社會，個人在這種文明中，是無力對抗企業的，因為消費者只是一盤散沙。**直到互聯網將一盤散沙的消費者連結起來，形成一種既分散又連結的虛擬自組織。這讓人類運行數千年的B2C供應鏈改變了方向，因為消費者才是真正付錢驅動生產線的人。**

這將是一個嶄新的商業文明。在新的商業文明中，擁有消費者名單遠比擁有供應商名單來得重要，因為消費者名單既分散又連結，每個消費者更需要獨立自主，消費者口袋的錢才是整條生產線的驅動力，真正消費者導向的企業就以C2B的形式出現了。

在這本書裡，我們將看見由新零售、新製造、新金融、新能源、新技術所塑造的C2B逆商業時代裡，狩獵（尋找新客戶）、畜牧（留住老客戶）、農業（視客戶為夥伴的生態系）、工業（大量客製化），與互聯網時代（大數據、小前端連結的個人化）的交互作用，這也就是馬雲在2016雲棲大會上所預言的，未來30年將有一場「天翻地覆」的轉變。

謝謝《商業周刊》資深主編方沛晶在很短的時間內，整理出我的觀點與33個創新案例；很佩服《商業周刊》的先見之明，早已報導了豐富且精彩的C2B企業故事。**因為台灣的產業聚落，本書案例將聚焦在新零售、新製造、新金融三個主題，這些案例似乎已經揭露，舊文明已經結束，只是體溫猶存。**

如果馬雲稱這將是一場天翻地覆的變革，台灣看到了什麼？我們又準備了什麼？希望這本書能對你與台灣，有所貢獻。

盧希鵬

台灣科技大學資訊管理系 專任特聘教授

拐點上的逆策略

　　在新創公司找資金的過程中，最吸引人的圖表是什麼？答案應該會是一張有如曲棍球棒般的曲線圖。這條曲線一開始會是平的，經過一段時間後，到某個反曲點（Inflection Point）或稱之為「拐點」，趨勢就會迅速的向右上方走。**台灣的產業發展，現正在拐點上，而C2B模式，就是把商業趨勢從拐點帶往右上方的動力引擎。**

　　曾經，製造商為王，它生產什麼，通路就賣什麼；後來，通路商成為新王者，它想賣什麼，生產商就做什麼。但現在，當萬物連上了網，大數據誕生，自動化生產更先進，消費者為王的口號才真正可以落地，你想要什麼，製造商、通路商都據此展開自己的服務。整個生產流程正進行180度的翻轉，你必須學習把價值鏈倒過來看。這是17世紀第一次工業革命後，頭一次消費者可以從價值鏈的末端，一躍而成為決定所有流程的源頭，包括設計、生產、製造。消費者，真正成為號令天下的王者。

　　《C2B逆商業時代》成書是因為，在採訪第一線上，我們看到這個快速發生的趨勢，正顛覆各行各業的遊戲規則，從製造

到服務業。當「純電商」的買賣開始蛻變，「純製造」的生產也開始翻轉，《商業周刊》陸續探討新零售、新製造、新金融等相關議題。譬如，我們以台灣10位新零售贏家為樣本，研究他們在新與舊、實與虛之間，做了什麼樣的整合、取捨；如何結合電商、店鋪、物流，串連線上到線下的消費體驗、大數據分析，提供多元支付，打造以消費者為核心、無虛實之分的全方位服務。

在新製造趨勢上，我們從一張Nike下在墨西哥的訂單開始，進行半年追蹤發現「美國做品牌、台灣接單、亞洲製造」的規則已被打破；接著，我們走訪德國六城，去看以硬體製造自豪的德國，如何應對川普上台後的美國製造。最後，我們回到台灣，從一顆可樂果的抉擇，去看台灣該如何面對客製時代的C2B革命。在逆商業時代，習慣代工的台灣產業必須學會跟昔日大單揮手告別，因為這個時代再也沒有肥美大單，只有更多小單、更多客製需求。

這本書裡，盧希鵬教授以「五新」經濟為軸，串連出C2B的主要概念；《商業周刊》則是從產業現象追查，輔以精彩案例，引申出因應未來趨勢的企業升級解方，希望有理論、有案例、有名師點評的內容，可以給讀者個人和所處企業一些啟發。當趨勢逆著來，台灣產業仍然順勢而起，擁抱未來！

郭奕伶

《商業周刊》總編輯

Consumer to Business

Today

總　論

今天很殘酷，

明天更殘酷，

後天很美好，

但絕大部分人死在明天晚上。

—— 阿里巴巴集團董事局主席馬雲 ——

2014 年中國清華經管學院畢業典禮演講

商業，為何逆著來？

1995年，是電子商務發展史上非常值得紀念的一年。那年，美國柯林頓總統開放網際網路的商業應用，三月份Yahoo！成立，從此線上分類廣告改變了企業與消費者溝通的傳播模式。七月份貝佐斯（Jeff Bezos）成立了Amazon.com，之後我們有了專營B2C（Business to Consumer）的電商網站。九月份eBay成立，帶動C2C（Consumer to Consumer）電商模式盛行至今。從1995年開始，人類的商業活動，等於經歷了第一次「從線下到線上」的大遷徙。

其後陸續成立的Google（1998）、阿里巴巴（1999），確立以銷售對象區分的B2B（Business to Business）、B2C、C2C的電子商務商業模式。然而過去20年間，人們仍必須透過線上或線下的方式，去到由企業設置的通路消費，無論線上電商或是線下門市，都還是消費模式的中心。

去中心化的不連續創新

隨著互聯網用戶從PC端轉向移動端，線上與線下商業的界線正在成為過去式，只要有手機，任何線下消費隨時可以轉換成線上交易。我們已走過了PC時代，正在從移動互聯網時代經過，迎向萬物互聯（IoT，Internet of Things）的智能時代。

以往，是消費者主動到線上／線下通路去購物，但不久的將來，人類的商業文明將真正達到「去中心化」的消費模式。O2O（Online to Offline，整合線上到線下）全通路的新零售，或是個人化定製的新製造，其思維是：「你在哪裡，那裡就是服務或製造的中心」。這種「去中心化」的不連續創新，又是人類另一次從B2C到C2B（Consumer to Business）的商業活動大遷徙。

我有一個大三的學生，在台灣的網路上賣日本娃娃。有一天，她跟我說，在台灣的市場上價格競爭得非常厲害，競爭對手的售價，已經跟她從工廠的批價價格差不多了。3個月後，她跟我說：「老師，我的日本娃娃已經賣到墨西哥了，而且有實體店老闆對我的產品有興趣。」

一個小女生怎麼做到的？「那簡單，」她說，「在台灣不能賣，我就上eBay尋找，發現墨西哥居然沒有人賣日本娃娃，於是我就上架那裡的eBay，因為沒有競爭對手，售價提高30%，

後來有實體店老闆看到了，我也批貨給他……。」這個大三的小女孩，沒有資源，沒有經驗，也沒去過墨西哥，她一個人，為了求生存，就把商品賣到墨西哥了。她的想法不是把人帶到我的商店，而是將我的產品送到有人的地方，無論是線上或是線下，這就是顧客在哪裡，那裡就是服務或製造中心的概念。

如果你覺得這個故事很有啟發性，那我要告訴你，這是十多年前的事了。這麼多年來，**我們在互聯網時代下的商業模式，已逐漸由大企業（Business）主導的經濟，走向長尾與個人（Peer）主導的經濟；從先製造、再銷售的B2C思維，轉向將商品主導權和先發權交給消費者的C2B新商業文明。**

傳統的經濟學概念認為，當一個產品的需求越高，價格就會越高，但在C2B思維下，「匯聚需求（Demand Aggregator）」將取代傳統「匯聚供應商」的購物形式。當消費者因議題或需要形成社群（Community），透過集體議價或開發群眾需求，只要越多消費者購買同一個商品，購買的效率就越高，價格就越低。

先行者的四大模式

因為互聯網的發展，消費者個人化需求的聲音也越來越強，C2B最終將是消費者驅動，「以銷定產」的商業模式。未來價值

鏈第一推動力會來自消費者，而不是企業。由於消費者才是新商業文明的中心，不必再為了買一件商品東奔西跑，只需在C2B網站上發布需求資訊，就會有很多商家上來競標。消費者不用再花費心思跟商家砍價，只要在C2B網站上發布一個自己能夠承受的價錢，凡是來競標的商家就是能接受這個價錢的。當商家圍著買家（消費者）競價、比效率，消費者就可以從中選擇性價比更好的商家來交易。

美國的Priceline旅遊網站就是最好的例子。Priceline於1998年成立，以「Name Your Own Price（給出您自己的價格）」為號召，讓消費者自訂所需的機票、旅館、日用品等價位，再尋求相關企業來滿足消費者需求。這種打破傳統先製造、再銷售的C2B模式，等於是消費者反向要企業生產符合需求的產品才會買單，也就是購物行為由傳統的企業「推」動，轉為消費者「拉」動。在企業端，**在原材料價格普遍上揚的情況下，C2B的好處是中間管道消失，以銷定產，可減少庫存成本，壞處是要完全符合消費者的個人化需求訂單，將無法產生採購成本優勢。**

因此，從製造的角度來看，C2B目前存在的定製模式包括：

一、議價定製：例如Priceline，由用戶自己出價，商家選擇是否接受，買賣雙方議定旅遊行程的最終價格。

二、預售定製：例如天貓雙11，節前會發布預售的定製商品，預

	數量化	個人化
淺參與 （Order）	預售定製 （天貓雙11）	議價定製 （Priceline）
深參與 （Spec）	模組定製 （海爾）	個人化定製 （尚品宅配）

　　先聚合消費者的需求，再組織商家批量生產，在價格上讓利
　　於消費者。

三、模組定製：例如海爾商城，由消費者選擇家電的容積大小、
　　調溫方式、門體材質、外觀圖案等。考慮到整體供應鏈的改
　　造成本，為消費者提供模組化、功能表式的有限定製，這也
　　是目前大部分製造業的做法，傾向讓消費者適應企業既有的
　　供應鏈。

四、個人化定製：例如尚品宅配，消費者可根據戶型、尺寸、風
　　格、功能，完全個人化定製，並從源頭就開始參與到全流程
　　的製造環節。

以「新五新」為手段達到C2B

新五新

新零售	線上、線下，融合結合智能物流。
新製造	智能化流程、個性化定製。
新金融	基於數據的信用體系產生的普惠金融。
新技術	基於互聯網、大數據的各種技術。
新能源	數據取代石油、煤和電成為生產能源。

C2B

消費者需求為核心的探索、驅動、購買

整體供應鏈協作，
提供高度客製化的模式

傳統的產品主導邏輯（Goods-dominant Logic）下，被大量分散的個性化需求，從銷售端持續施壓，倒推回製造端生產和管理的整條供應鏈乃至整個產業，必須朝滿足快速多變、高度個性化的市場需求演化。因為行業屬性不同、競爭結構差異，在不同行業裡，C2B的影響也會有不同程度和不同形式的實現，例如消費體驗要求較高的服裝業，發展速度就比汽車業來得快。

為什麼馬雲要在此時談C2B和五新呢？我認為這和過去20年，策略學中的「核心能力」理論被顛覆有關。「核心能力」理論最近幾年受到學者們的挑戰，因為我們發現，核心能力往往會成為組織轉型僵化的原因。亞馬遜、eBay、淘寶、天貓等「電

核心能力造成組織轉型僵化

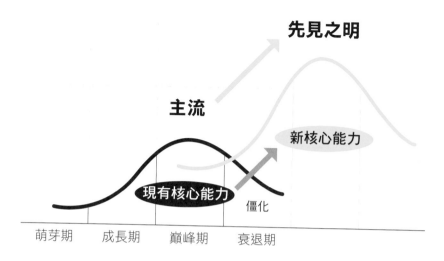

商」經營模式，從1995年至今已22年，當一個光棍節可達千億
人民幣以上的營業額，說明這種經營模式已是一個時代的巔峰。
凡在生命週期達到巔峰的產業，隨之而來的就是衰退，在衰退的
過程中，原有的核心能力就成為組織轉型僵化的主因。

　　像是微軟最強的是Office軟體，所以它轉型不到雅虎；雅
虎最強的是媒體入口，所以它轉不到搜尋引擎；Google最強的
是搜尋，所以它轉不到社群；臉書最強的是社群媒體，所以它轉
不到像LINE和微信這種結合通訊、社群、支付等多功能社群網
路。同樣的道理，阿里巴巴、天貓、淘寶，最強的是B2B、B2C
和C2C，當微信這種多功能社群出現，它就很難轉型過去。

在此情況下，凡是到達巔峰的產業，都必須要比競爭者率先提出下一波產業走向。馬雲提出C2B，才能夠在阿里巴巴現有資源上，帶領整個產業進入下一波。這就像當時微軟DOS已是市占率95%以上的作業系統，但微軟自己毀滅了DOS，將DOS帶到Windows新平台。我認為，以PC資訊平台為主的電商平台，將轉型為一個以支付為主的「個人化」平台。過去20年，電商都是一個PC資訊平台，人們必須要到一個Domain Name（網域名稱）上買東西。在PC資訊平台上最大的麻煩是，除了消費者主動提供的個人資訊之外，廠商幾乎獲取不到個人的消費行為，但在大數據、實名制支付等技術成熟以後，將會轉變成以像是「支付寶」等實名制支付工具為主的個人化平台。

愈來愈多的IoT產品圍繞在我們四周，接收每個人線上或線下的個人化行為資料，而支付寶則是個人化的實名制平台，這種結合IoT和實名制支付為主的消費模式，將是下一波互聯網發展的主流。目前，是一個電商網站對應十幾種支付工具，未來，會是個人化的實名制支付工具，對應數百個電商平台，當然這每一個電商平台，也都圍繞著個人的消費需求而存在。

為什麼馬雲說，今天很殘酷？因為B2C、C2C這類電商模式經過20年發展，已經到了非常成熟的地步。為什麼明天更殘酷？因為大家看到的明天都很類似，大家都看到O2O很重要、

大數據發展的四個階段

代表:電子商務

互聯網帶動數據快速擴散,此時以互聯網業務的數據化為主。

代表:新零售

擁有重度線下數據的傳統行業開始重視數據商業價值,加速線上線下數據融合速度。

代表:新製造

傳統工業進入尾聲,離消費者較遠的製造業,加速數據化進程,數據帶動傳產升級。

代表:C2B產業

數據價值滲透到所有產業,數據開放、共享、交換的願景實現,人工智慧成為日常。

消費者主導很重要,大家都要做CRM(Customer Relationship Management,客戶關係管理),當大家都要做一樣的事,未來的挑戰只會愈來愈殘酷。所幸,後天很美好。阿里研究院高級顧問、前阿里巴巴集團副總裁梁春曉建議,「從後天來看明天,就會知道明天該做什麼。」後天,指的就是由消費者主導的C2B新商業文明,而這種新文明,將由新經濟、新社會、新科技和新消費者所組成。

節省時間成本的隨經濟

　　我看過一篇有關汽車設計的文章，設計師們討論說：「如果汽車有生命，進入21世紀後，會演化成什麼樣子？」他們的結論是，車子的外型應該會短短高高的。因為現在停車位難找，人類身高較高，早期矮矮長長的大型車會被淘汰。

　　適者生存，不適者淘汰，這是演化的必然。在演化史中，人類與猴子最大的不同是使用工具，人類學家依照人類使用的工具特性，將史前文明分成石器時代、青銅器時代，與鐵器時代。之後又依照生產方式，將人類的經濟活動定義為農業時代、工業時代與資訊時代。從使用工具來看，工業時代使用的是機器，資訊時代使用的是電腦，但是到了現在，使用的工具則是互聯網。

　　再從經濟演化的角度來看，著有《第三波》（*The Third Wave*）的未來學大師托佛勒（Alvin Toffler）把工業革命以及所帶來的社會改變視為「第二波」，其核心概念是大量生產、大量配銷、大量消費、大量教育、大眾媒體與娛樂等，人們的經濟活動是以工廠為思考基礎。工業時代，最重要的是節省廠商那一端的「生產成本」。因為要節省生產成本，所以強調規模經濟，大量製造之後先放在倉庫，再經由大量行銷的手法，賣到消費者手上，這就是我們熟悉的先製造、再銷售（Make and Sell）的B2C商業

工業、IT、DT 時代的技術與經濟

	工業時代	IT時代	DT時代
基礎設施	電力、交通、機械	通信網路、資料庫	雲計算、互聯網、智能終端
核心主體	大企業／工廠	企業／供應鏈協同	平台／個人化主導
經濟型態	規模經濟	服務經濟	平台與共享經濟
商業模式	B2C	大規模定製	C2B
交易過程	大量製造、再銷售 (Make → Sell)	小量製造、再銷售 (Sense → Response)	先銷售、再製造 (Sense → AI → Response)
節省成本	生產成本	交易成本	時間成本
重視資本	金融資本	智慧資本	社會資本

Today

第一章

模式。資通訊革命所帶來的第三波社會，節省的則是消費者和廠商往來之間的「交易成本」。當客戶跟廠商做交易的前、中、後，過程更為容易，交易成本就更加低廉，這時候會產生產業解構，因為市場交易成本愈低的公司，規模就會愈小。

　　例如銀行業，因為ATM降低人們與銀行之間的交易成本，銀行規模就縮小了；網路銀行又進一步降低金融交易成本，銀行的規模就會縮得更小。零售業也是一樣，當電子商務降低人們與零售業之間的交易成本，許多百貨賣場、雜貨賣店就會逐漸消失。

　　到C2B時代，我認為這是「第四波」。從農業經濟、

工業經濟、資訊經濟之後的新經濟型態，就是「隨經濟」
（Ubiquinomics）。隨經濟使用的工具是互聯網，而非電腦，要
節省的則是消費者個人的「時間成本」，也就是說省力還不夠，
還要做到毫不費力，交易成本趨近於零。要毫不費力，必須做
到「個人化」以及「智能化」。舉例來說，你發現家裡沒有洗衣
精時，以前會上亞馬遜的網站去買，這可能花掉你5分鐘，後來
可以把手機拿出來，用APP去買，可能花掉你2分鐘，或者掃
QRcode去買，可能會花掉你1分鐘的時間。

亞馬遜最近發展出「一鍵購物」（Dash Button）的服務，把
一個IoT裝置貼在洗衣機上，當你發現沒有洗衣精了，只要按一
下就完成採購，可能只花你10秒鐘。當然，現在你還要走到洗衣
機旁，不久後你可能連動手都不用，只要對著亞馬遜Alexa語音
數位助理說：「幫我買洗衣精。」它就會自動完成比價、購買等
流程。 我們可以發現，以上都是減少時間的過程，所以在經濟演
化的層面上，人們愈來愈發現省力還不夠，省事還不夠，還要做
到毫不費力。

強調社會資本的弱連結

從社會結構的演化來說，農業時代強調的是人力資本

（Human Capital），工業時代強調的是財務資本（Financial capital），資訊時代強調的是智慧資本（Intellectual Capital），到了隨經濟時代，新社會要強調的叫做社會資本（Social Capital）。因為人與人之間的互動和交流變得比較簡單了，以前我們要把東西賣到巴西去，人必須飛到巴西建立銷售管道，但是現在我們很容易透過互聯網的「弱連結」連接到巴西人。

強連結指的是你在公司認識的同事，而弱連結指的是你坐捷運時旁邊那個不認識的人。在工業時代，我們喜歡建立強連結，強連結才有互信基礎，但永遠只建立強連結，你的社會資本就沒有辦法擴大。舉個例子，我上課時跟學生開玩笑，資管系男生如果交了資管系的女友，那叫做強連結，你們大學4年白天聊資料庫，晚上會繼續聊資料庫。如果資管系男生認識了一位外文系女生，那是相對的弱連結，你們就可以白天聊資料庫，晚上聊莎士比亞，又或者你今天認識的是一個印尼女生，透過這個印尼女生又認識了許多的印尼朋友，那更是弱連結，可以擴大你的社會資本。所以說，在一個弱連結的互聯網社會，你可以很容易認識陌生人，也可以很容易跟全世界的人做生意。

大約是2010年，一位16歲英國青少年利用聖誕假期，以合成混音器混成十幾種放屁的聲音，包括乾屁、溼屁、響屁、悶屁等等，他把這些用來惡作劇、整同學，覺得很好玩。後來他把放

屁聲放在蘋果App Store販賣，一套賣0.99美元。沒想到，一個月下來竟賣出一萬多套。我在電視上看到記者訪問這位青少年，他的神色很慌張，自己都搞不清楚，為什麼這個惡作劇可以賺到1萬多元美金。但在同一時期，台灣正在搞軟體業旗艦計畫，這個計畫是傾政府之力，幫助台灣軟體業賣到全世界。

要賣到全世界，必須建立國際品牌、國際通路、國際服務、國際銷售，可能是因為國際事務太過龐雜，弄了幾年之後，台灣軟體也沒有賣得太好。但是一個16歲青少年，什麼都沒有，卻可以輕而易舉在全世界賣出1萬多套軟體。為什麼？因為台灣的軟體旗艦計畫靠的是「強連結」，而這個青少年只不過利用了App Store。App Store就是把全球用iPhone手機的人連結起來的一種「弱連結」。在未來，以個人為主導的C2B商業環境中，弱連結**讓我們很容易全球買、全球賣。**

阿里巴巴到底在賣什麼？我認為，他們賣的就是一種弱連結管理，因為在真實世界上，你很難接觸到蒙古的工廠。但是在隨經濟社會中，你不僅能夠很容易接觸到蒙古工廠、蒙古市場，甚至是全球市場。這就是阿里巴巴希望在短期內實現「全球買、全球賣、全球付、全球運、全球遊」的五個全球。

隨時感知、即時回應的隨科技

　　C2B新商業文明中，還有一個特徵叫做「隨科技」。過去的資訊科技由3方面組成，人機介面、應用程式和資料庫。但在雲計算的發展下，資料庫和應用程式已經提到上面的雲，留在地面的只剩下人機介面。人機介面可以放在手機、資訊家電、汽車等各種IoT裝置裡，慢慢的，我們就真的進入一個萬物互聯的世界。當萬物互聯，收集的資訊太多、太雜，多到人很難即時判斷，大數據和人工智慧（AI）應運而生，開始轉向在零售端、製造端，甚至金融端，先感知、再回應（Sense and Response）的C2B消費型態。

　　C2B最重要的概念就是「個人化」。要做到個人化，必須先了解這名消費者的所在地、時間、支付、消費管道等各種狀況；要知道他的個人狀況，需要很多感知器（Sensor），收集他各式各樣的個人資訊，經過瞬間的大數據分析和人工智慧判讀之後，即時產生個人化服務的回應（Response）。

　　有一次，我跟趨勢科技創辦人張明正主持一個世界咖啡屋（World Café）的活動，主題是談雲計算，下面坐了400多個工程師都在支持雲計算。我問台下400多個工程師，「當你們的工作都提到雲上之後，你們留在地上要做什麼？」

他們一時答不出來，這才恍然大悟，原來雲計算不是來幫助網路工程師的，是來革網路工程師的命的。因為本來100家企業需要100個機房跟100個管理人員，有了雲計算之後，這100家企業只要留一組人員在雲端管理即可，那麼釋放出來的99個工程師人力要做什麼？我認為，他們應該留在地上，做很多C2B製造和C2B服務，也就是發展智能設備（Smart Device）的部分，這些圍繞在個人周圍的物聯網智能設備，是一種小前端，也是可能扳倒獅子的一群螞蟻。對台灣的中小企業而言，雲端科技的機會不在雲上，而在地面。雲端的大量伺服器投資很大，而且有贏者全拿的特性，像是現在的Google、亞馬遜這些獅子已經做得很好，台灣廠商還有無必要投入大量資本與人力與之競爭？雲是一種大平台，但是小前端才是C2B新商業文明的主體。例如，台灣的硬體（血壓計、電視機等）都能賣到全世界，而這些硬體可以感知到消費者的個人資訊，如果這些硬體後面都帶著幾個消費者個人資訊的私有雲，隨著這些小前端販售到全世界的服務，才是台灣產業未來發展的商機所在。

簡單的說，C2B是要做到以消費者為導向，那麼在個人這一端，就必須要有連網設備來感知他的行為。過去我們連網都是靠Google、靠網路鍵盤，但是未來連網可能靠馬桶、橋樑、電視、沙發、地板，各行各業都會成為觸發這種C2B電子商務或C2B

電子服務的引擎。舉例來說，現在已開發出一種網路馬桶，當你上完廁所之後，馬桶會分析你的健康狀況上傳到雲端，這種雲端上的健康資料就是個人化感知的服務。

當然，汽車也能連網，已有廠商在汽車椅墊下裝了矩陣式感知器，可以測量到你可能在打瞌睡或是可能喝酒，而發出危險駕駛的警示音。它也可以成為防盜設備，因為每個人的臀部坐在椅子上的施力點都不同，這也是個人化的感知服務。從小前端而來的個人化服務是台灣中小企業的商機，也是我們可以發展得比獅子好的項目。

從客製化到個人化的新消費者

最後，要談C2B新商業文明最重要的部分 —— 新消費者。過去，雖然企業或廠商高喊「消費者是王」，但其實消費者還是被動的「被服務」。企業或廠商常疏忽，最了解消費者需求的，其實就是消費者自己。**既然最了解消費者的是消費者自己，C2B最終將成為由消費者主導、定義、參與的新模式。**

過去是企業或廠商分析客戶的需求，現在是客戶主動參與進來，例如海爾HOPE開放創新平台（Haier Open Partnership Ecosystem，簡稱HOPE），就是開放給消費者自己指定他要的

家電規格，而這個規格會放在平台上開放給製造商，如果製造商覺得可以製造且有利可圖，就會產生一組新的家電成品出來。

如果是由製造商來設計家電，一年設計出300種家電應該數量就很多了，但是由消費者主動提出家電的設計和規格，可能很輕易達到上百種、上千種新設計，這種模式就是消費者主導，消費者說我要什麼，然後，請製造商來配合我。過去B2C則是由製造商躲在實驗室中猜測消費者要的是什麼，然後嘗試去滿足消費者，但是在C2B新商業文明中，消費者可以直接從源頭參與產品的設計，這就是「逆商業」的新模式。

在C2B時代下，我們特別要強調「客製化」和「個人化」的不同。B2C時代的商業活動強調市場區隔（Segmentation），發展到最後，談的就是客製化，而C2B談的卻是個人化。這兩者差異何在？客製化通常是有一群聰明的設計師，如諾基亞（Nokia），極盛時期據說一年要設計6千種手機，因為他們針要對老人、科學家、CEO、家庭主婦、男生、女生、上班族、會計師、工程師、各行各業的人製造和設計不同的手機。

等到iPhone手機出來之後，卻是一個款式、一個大小、一個顏色，時至今日iPhone的選擇仍然不多。在當年把你的諾基亞手機，你還可以借別人的手機使用，現在如果拿走你的智能手機，換成別人的手機，你幾乎無法使用，因為智能手機裡有許多

C2B商業模式流程示意圖

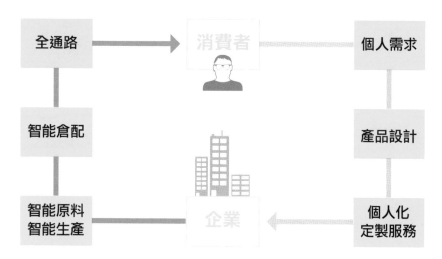

你的個人資料、下載的App，已變成一支你的個人化手機。

諾基亞的6千種手機，是由設計師思考客戶的需求，這是種客製化。個人化代表的則是消費者需求不再由設計師思考，而是由個人自己定義他需要什麼。iPhone手機只是提供一個App Store平台，各行各業能夠在上面發展自己的需求，儲存自己的資料，消費者自己選擇下載他需要的App，這就是個人化。

不過，在此衍生出另一個問題，在新製造中所說的「模組化定製」，到底屬於B2C時代的客製化，還是C2B時代的個人化？這麼解釋好了，以製造角度來說，為快速、即時回應，一定得模組化生產，即使是個人化的環境中還是要模組化生產。例如在你

的手機中有LINE、微信、airbnb等不同App，但是你要先安裝LINE，才有LINE的功能，你要安裝微信，才有微信的功能。所以說，這是一支個人化的智能手機，裡頭功能卻是模組化的。

數據資料（Data），才是個人化的關鍵。例如你的這支智能手機，是因為裡面記錄了你個人的資料，才變成你個人化的東西。過去我們談消費者，講到的是市場區隔化，靠的是統計，也就是把100萬個人用平均數和標準差來思考，但在個人化的C2B商業模式下，有100萬個人，就有100萬組以上的個人化數據，這些資料所構成的分析就是大數據分析。

過去的商業模式強調的是「產品占有率」，就是廠商希望把一個產品賣給很多人。大數據真正關心的是「個人占有率」，廠商希望這個人一旦買了第一個產品以後，第二、三、四個產品，我都可以賣給他。例如以前出版一本《哈利波特》的書，我們希望這本書能夠賣越多本越好，這叫做產品占有率，或者叫銷售量。但是從個人占有率的思維來思考，就是如果有人在網路上買了一本《哈利波特》的書，我希望繼續賣給他像是英文課程、變魔術課程、到英國自助旅行的相關書籍。因為我了解他的需求，就有機會依據他的需求，賣更多產品給他，這就是個人占有率。

反轉供應鏈的酋長商務

千禧年左右，我在《商業周刊》寫過一篇文章，題目是〈網路將人的購物習慣帶回到18世紀〉。當時，我的想法是以後網路不僅帶給人類更快速便捷的消費生活，也會把人們的購物習慣，帶回18世紀的「酋長制」。18世紀的社會是一種部落或社群的組織，人們要買東西會先去找部落酋長或長老，由後者出面來為大家採購。由於當時的物品並無固定價格，討價還價很正常，當消費者集結起來，就會產生議價能力，部落人愈多，議價的籌碼也愈大。最後，再委由酋長出面講價，人們不用自己直接面對商家。

當年，最有資格當酋長的就是美國線上（American Online，AOL），因為它的ICQ即時通、Netscape瀏覽器等服務加起來，全球有2千4百萬名會員，是當時全世界最大的社群（Community），AOL也等於是全世界最大部落的酋長。可惜的是，AOL的股價卻是每況愈下。為什麼當時酋長制沒有興起呢？因為在AOL上是一群亂民，這2千多萬會員並不是用真實的名字登記。等於在一個社群中，沒有門牌號碼、沒有戶籍號碼，酋長很難挾「虛擬的眾人」之力反過來向製造商議價。

因此，當客戶是一盤散沙，企業卻是「有組織的資源」時，就很難回到酋長制。近20年過去了，現在有很多實名登記的部落

酋長出現了，手機業者、支付寶，甚至臉書都走向實名制，那酋長制會不會死灰復燃？會不會成為新的 Community to Business（Cm2B，社群對企業）議價模式？我很期待。

C2B 也強調，真正的供應鏈上游應該是消費者，海爾的 HOPE 開放創新平台已有這種意味。真正提出需求的是 C（消費者），誰能夠製造就由比價來取得這個訂單，然後再交由 B（企業或工廠）製造。這有點像是 B2B 的接單後生產，只不過下單企業變成了消費者，也因此產生一個真正以 C 為主的產業結構，反轉整個供應鏈。群眾募資或眾籌也是類似的概念，很可能是一個 C 個人（消費者），設計了一款新的螺旋狀掃地機器人放在網路上，結果有 2 千個人都喜歡這個東西，眾人集結成 C 社群（有同樣需求的消費者），集資請 B（企業或工廠）來製造，該由哪一個製造商製造呢？你還可以比價，還可以挑製造商，此時製造商已成為消費者的下游，這就是 Cm2B。

C2B模式下創新的兩難

在 C2B 模式下，消費者這一盤散沙已被實名制連結起來，應該有很多新商機、新模式呼之欲出，但為什麼企業對這個大趨勢卻充滿迷惘和混亂？哈佛商學院教授克里斯汀生（Clayton M.

Christensen）在其著作《創新的兩難》（*The Innovator's Dilemma*）中提到，為什麼大企業不創新？是因為大企業現在的業務還是主要的金雞母。

淘寶和天貓現在還是阿里巴巴主要的獲利來源，如果馬雲在2010年直接跳到C2B這種個人化生產和銷售，其獲利不足以補足天貓跟淘寶的損失，在組織內就會產生矛盾。如果要年底財務報表的數字好看，應該要繼續強調B2C跟C2C的模式。但是從長遠的角度來看，淘寶和天貓模式終將式微，這就是克里斯汀生所說「創新的兩難」。

再舉個例子，騰訊的馬化騰說，「銀行這個巨人已經倒下，只是體溫還在。」什麼意思呢？現在銀行主要獲利來源還是傳統金融服務，FinTech是一個趨勢，但現在還無法獲利，在此情況下，大多數銀行會聚焦在賺錢的傳統金融業務，而輕忽FinTech的發展，但是5年、10年後，大家才會意識到巨人事實上早已倒下，只是留有餘溫。

馬雲在講述「五新」的時候說，「**真正衝擊各行各業、衝擊就業、衝擊傳統行業的是我們昨天的思想，真正要擔心的是我們對昨天的依賴。**」這也是我為什麼會認為，台灣產業面對明天會更殘酷。台灣過去在IT（Information Technology）的投資太多，許多廠商不想、也不敢貿然放掉，但到了隨經濟時代，走向

C2B時代的新微笑曲線

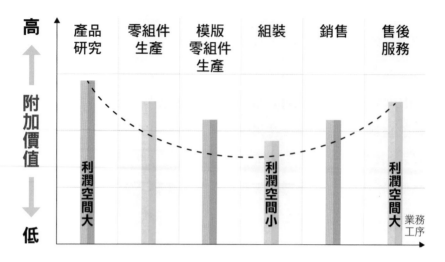

DT（Data Technology），這是一種技術，也是一種思考，更是一種未來。

我曾在網路上開玩笑說，一個沒有違法的創新，不是真正的創新！真正的創新一定會違法，因為現在所有的法律都是工業時代制定的，當你要打破工業時代的規則進入到DT時代，就會踩到工業時代的法律。同樣的道理，目前台灣企業和製造業，許多的IT設備和管理制度也是工業時代制定的，當我們要走到DT，甚至AI的世界，就會踩到過去組織內的制度和科技結構，這也是許多台灣企業轉型困難的原因。

　　台灣產業的發展，受限於現在所積累的制度，所以大家看到的明天都很類似。然而，明天很快的，會成為更殘酷的今天！明天的趨勢也將引領典範轉移，**C2B時代下，持續進行符合消費者需求的新產品研發，以及提供消費者高價值感受及售後服務的品牌，會成為新微笑曲線的兩端**，中階品牌逐漸消失，僅從事零組件生產和組裝的下階層產品，將成為無牌或白牌的代工製造商。屆時，你所處的企業，或是你個人的工作，會落在新微笑曲線的哪一個區域？當零售不再思考線上或線下，當製造不再考慮數量成本，台灣服務、製造、金融業的新商業價值又在哪裡？

　　許多探索者已揚帆前行、航向未知，他們知道C2B模式是未來最大的機會所在，也是無法避免的商業文明演進，適者將會看到後天的太陽，而不適者終將消失在明天晚上殘酷的黑夜裡。

Consumer to Business

Tomorrow

明天

新零售

若不願或不能快速擁抱強大的趨勢，
外界會把你推向「第二天」。
若你對抗趨勢，就是與未來作對。

The outside world can push you into Day 2
if you won't or can't embrace powerful trends quickly.
If you fight them, you're probably fighting the future.

—— 亞馬遜執行長 貝佐斯 Jeff Bezos ——
亞馬遜 2017 年度致股東信

正在加速的新零售

　　為什麼馬雲討論C2B時，會從「新零售」開始談起？因為現在互聯網應用，大多發生在價值鏈下端，也就是銷售、服務和行銷，尤其是在行銷面上，更容易滲透到整個零售業的交易過程。

　　以前，是大眾媒體訂價，廣告主付費，希望訊息吸引愈多人注意愈好，但在今天高度碎片化的社會下，精準廣告是展示給那些主動搜索相關資訊的消費者，只有在消費者點擊廣告之後，廣告主才需要付費。至於付費機制，也不再是媒體說了算，而是以競價方式由價高者得。再加上手機上網普及，**行動廣告幾乎足以**

實現貼身性、個人化的精準互動，有效的將線上訊息轉換成實際情境下的交易，這正是「舊零售」轉向「新零售」最大的驅動力。

新零售的現在與未來

舊零售，指的是人到商店買東西。過去百貨公司或實體商店，店址不能移動，所以我們都要去某個地址去買東西，構成了「人們到商店」購物的零售模式。新零售指的是，把商店開到有人的地方，這個人不管在線上、線下，只要透過物流，就能夠在有人的地方開店。消費者即使在辦公室，也可以透過手機買東西，到百貨公司還是可以透過手機買東西，因為在新零售是以你為主導，你人在哪裡，我就在那裡賣東西。

舊零售的開店模式是以「地點」（Location, Location, Location）為主，命題會是你的店址選在哪裡？而新零售是以「人」（Person, Person, Person）為主，重點在於你是誰？你在哪裡？過去美國著名評論家弗里曼（Thomas Loren Friedman）說，「世界是平的」。這種全球化思維還是一種舊零售，因為還是一個以地域為中心的思維；但在新零售的思維裡，世界的中心不再是美國、也不再是商場，而是你在哪裡，全世界的人就服務你這個人。

何謂新零售

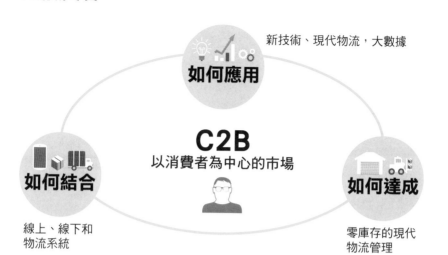

新技術、現代物流，大數據

如何應用

C2B
以消費者為中心的市場

如何結合

線上、線下和
物流系統

如何達成

零庫存的現代
物流管理

馬雲所說的新零售，基本上是結合網上電商、實體店鋪、物流科技，串連線上到線下的消費體驗、大數據分析，提供多元的支付方式。但我覺得在C2B新商業模式裡，馬雲只講到一半，為什麼呢？因為他漏掉中間「判斷及選擇」的成本。O2O零售模式，雖然省掉人們去商店或者是上網購物的交易成本，但消費者還是得花心力比價、比功能，選擇在哪裡下單購買。

新零售發展到最後，將會是一個智能化零售。舉例來說，在舊零售模式裡，我要買一個生日禮物送給女兒，必須上網買或者是到商店裡去買，電子商務跟實體商務對我來說是不同的購物管道，在地點、時間、價格等種種考量下，我必須選擇要到電商網

站，或者是到實體地址去買禮物。

O2O的新零售則是，要為女兒買一個生日禮物，即使我人在店裡，可以透過QRcode掃描來買；我人在外面，也可以透過手機搜尋，到最近的實體商店去購買。如果是未來的智能化零售，只要和Alexa語音數位助理說，「我要買一個生日禮物送女兒。」Alexa就會主動確認我女兒臉書上的大數據，看看她最近關心的話題是什麼，同時分析一下她臉書上的廣告，看看這種年齡的女生需要些什麼？有興趣的商品又是什麼？最後Alexa決定要買什麼禮物的時候，還可以同時完成電子商務跟實體商務的比價、下訂過程。

這些人工智慧判斷及選擇的過程，只是一瞬間。2秒鐘後，Alexa會跟我說，「根據我對你女兒的了解，她現在應該需要這個禮物，我已經幫你比價完成，你可以到哪家商店買會最便宜。」如果我回答「Yes」，晚上商品已送來我家。

舊零售的交易成本非常高，O2O新零售的確降低了人們「行動」的交易成本，但AI智能零售會更進一步降低人們「判斷和選擇」的交易成本。例如以前股票網路下單或是網路銀行，都還是在省「勞力」，我不需要自己跑到號子裡買股票，但今天的理財機器人，省的是「腦力」，它會依據我的資金部位、風險可承受度、預期報酬率，判斷我適合買哪一支股票。

不只O2O，還要全通路、零庫存

　　有些人對新零售還有個迷思，認為只要做到O2O就是新零售，但這也只講了一半。新零售要達到的是全通路（Omni-channel），也就是消費者根本不用管通路在哪裡，只需要關注想要買的商品，甚至對這個通路是Online還是Offline，根本沒有意識到有何不同。例如今天要買咖啡，以前要透過定位搜尋離你最近的星巴克，然後走過去買咖啡，或是在線上下訂，等店家送來。未來你只要直接跟Siri人工智能助理說，「幫我買咖啡，外送。」Siri就會分析關於你的大數據，然後投你所好，自動幫你完成後續的購物流程，你根本不需要去分辨，這是線上消費還是實體購物，也不需要思考通路在哪個地方。

　　新零售裡的全通路，消弭了線上／線下通路的界線，因為所有的通路給消費者的感覺一模一樣。對消費者來說，「這就是我生活的世界，我根本不用理會這是虛擬世界還是實體世界。」

　　另一個新零售的重要議題是「物流」，當前置時間（Lead Time，顧客下單到貨品送達的間隔時間）越來越短，「24小時到貨」、「半日達」已成為電商的標準配備之後，現代物流科技追求的，已經不是快速配送，而是更有效率的後端倉儲流程。

　　在壓縮前置時間上，亞馬遜幾乎已經做到極致。亞馬遜建置

新零售下的零庫存概念

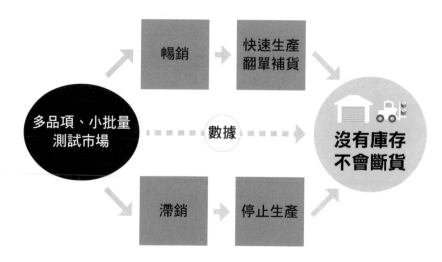

自己的車隊、貨機隊，甚至研發送貨用無人機，減輕對聯邦快遞（FedEx）、優比速（UPS）等物流業者的依賴，運用旗下20億筆用戶資料進行大數據分析，精算最快的配送路徑，會員下訂後最快在1小時內即可送貨到府。準時送達率高達98％。亞馬遜最驚人的，不是下單後事後追蹤，而是「事前預測」。大數據會針對這名消費者過去的訂單、搜尋紀錄，或滑鼠停留在哪件商品最久，預測其未來可能購買品項，預先送到附近倉庫，之後消費者一旦下單，不到1小時商品便能送到家門口。

　這樣的做法不僅改變物流配送的運作方式，也提高了後端倉儲流程的效率。透過大數據分析，讓整個購物流程中的商品，只

是以「周轉、而非倉儲」的形式存在，透過資訊流的同步以及有效率的物流系統，使得中間商達到去庫存化的「零庫存」目標。

當透過大數據等技術，實踐消費者為核心的C2B生產、銷售模式，讓庫存如活水般，處於恆常流動的狀態時，比起傳統大型平台電商追求速度與量，新零售更應看重「適當性」。例如，傳統電商為了拚銷量或清理龐大庫存，只能一味削價競爭，或是比拚物流配送速度，競爭那一、兩個小時的差異。但這些做法大多是賺不到錢的營利項目。反之，在新零售體系下，當你越懂消費者，你越有機會在適當時機找到適當的消費者，給予適當價格與產品，達成雙贏。

然而，零庫存真有可能實現？事實上，許多業者已在實驗的道路上。號稱優衣庫（Uniqlo）最大競爭對手的日本服飾業者「Factelier」，就是採用虛實整合的「工廠直送」模式，消費者在實體門市體驗商品後，透過網路下單，再從工廠直接出貨至消費者手上。這種營運模式，也讓Factelier創辦人山田敏夫被日媒稱為「改變日本成衣業的男人」。

3C通路燦坤，也早已開始運用「店倉合一」的概念，讓全省約300家燦坤門市都扮演小倉庫角色，店、倉交互運用，打破傳統電商必須由固定大倉庫出貨的模式，提升區域物流配送效率。台灣網路男鞋及服飾品牌Life 8，不斷透過數據分析修正產

品開發的精準度，從原先開發10款鞋子，只有一款能熱賣，到如今已能做到幾乎款款熱銷，同時庫存周轉率也提升4倍左右。

體驗和觀察，實體店重新翻紅

另一方面，過去20年，被電商一路壓著打的實體零售業者，如今卻在新零售時代翻紅。阿里巴巴開始在線下挹注資源，陸續入股蘇寧、銀泰、三江購物、聯華超市等中國實體零售通路業者。亞馬遜不僅開起實體書店，甚至併購了「全食超市」（Whole Foods Market）。

東、西兩大電商巨擘不約而同回攻實體零售，原因為何？他們又看到什麼樣的未來？事實上，即使電商發展得再好，目前占整體零售業還不到10%。根據市場研究機構eMarketer報告指出，2016年全球零售市場規模約為22兆美元，而其中來自電商的產值，只占其中8.7％，即便到2020年也只占了14.6％。要往更大的餅前進，電商就得從線上往線下去。例如美國生鮮食品市場，每年規模近8千億美元，一直希望打造「一站式購物」的亞馬遜，10年前開始在西雅圖推出生鮮配送服務（Amazon Fresh），消費者在線上訂購後可直接至產品站取貨，但礙於取貨點太少，消費者始終對此項服務反應平平。直到亞馬遜2017年

收購以販售高檔食品著稱的全食超市之後，才補足了這「最後一哩」。對亞馬遜來說，全食超市擁有全美400家店面，等於讓它多了400個生鮮取貨點，同時也有助於吸引更多富裕的消費者前往 Amazon Fresh，「體驗」線上訂貨、線下隨即取貨的方便性。

體驗和觀察消費者行為，是亞馬遜跨足實體店經營的主要目的。例如，在它的實體書店裡，書價是跟著網路同步每秒浮動的，這種橫跨線上／線下的體驗，初步做到了讓消費者無須分辨線上還是實體的全通路概念。另一方面，藉由書店這個實體介面，亞馬遜可以觀察顧客線下的消費行為，描繪顧客的完整面貌。因為要做到C2B，無法忽略消費者線下的消費行為，而在感知器尚未完全普及之前，亞馬遜建構一個特定場域，補足線下消費行為數據是可以想見的。

體驗店和蒐集消費者行為數據的場域，是實體店面在新零售時代被賦予的新價值，這也代表過去以家數多寡拚市占率的連鎖店時代已經過去。事實上，美國知名的梅西百貨（Macy's）已宣布在發展全通路、新零售的策略下，2017年將關閉68家門市，未來將維持適當的線下營運規模。

正在加速發展的新零售時代，有人從線上走到線下，有人則是從實體串回網路，新的O2O平台也因應客製化需求崛起。例如消費者在O2O旅遊平台上，設立「歐洲10天8夜、預算 10 萬

元、喜歡購物、博物館」等條件，有意願接單的旅行社就可以在此旅遊平台上，依照顧客的需求提出規劃。O2O平台應用面很廣，可以向消費者收取定額手續費，也能根據每次成交金額向兩端抽成。當這類O2O平台愈來愈多，除影響線下經濟之外，很有可能也會取代現有的品牌官網，因為以前是消費者主動來搜尋他要的服務，但現在是由廠商主動去發掘消費者的需求，並想辦法符合。

雲端、互聯網與大數據，正在把點滴的資源串聯、整合、重新應用，進而改寫市場規則。就如同貝佐斯在2017年致股東信中寫道：「若你對抗趨勢，就是與未來作對。」古老的零售產業將在此時再一次劇烈翻轉，一不小心過去的成功模式，轉瞬間就成了包袱。唯有敢於打破現狀、擁抱未來，才能跟隨時代巨浪砥礪前行。

消費者才是零售業最好的老師
iFit 愛瘦身 》全台最大瘦身平台

小檔案
成立：2012 年
產品：機能服飾
創辦人：陳韻如、謝銘元
成績單：2016 年營收逾 4 億元

　　iFit 愛瘦身從減肥粉絲團起家，2012 年起以可愛插畫圖文，加上貼近減肥族的心得文，吸引 70 萬名粉絲關注。為服務粉絲而辦起線上團購，進而推出自創商品，創立兩年後，年營業額超過 2 億元，鴨子划水為 O2O 新零售整合布局。iFit 在 2016 年開出第一家線下實體店，至今在全台已開出 19 家實體門市。

　　在開實體店之前，iFit 已是電商界典範，它成功把社群粉絲變現成企業收入，關鍵在於從創業的第一天開始，就在每位員工心裡植入「會員最大」的 DNA。

植入「會員最大」DNA

　　「我們是家完全依靠會員需求去產生商業模式和商品的公

司，決定要賣什麼東西，坦白說都是問粉絲，」iFit行銷長楊松錞說。以熱銷品Fitty壓力褲為例，市面上壓力褲大多五顏六色，iFit愛瘦身壓力褲卻是清一色黑色，看來很無趣，但每月卻可以賣出一萬件。「很多大尺碼團員（iFit會員）告訴我們，除了黑色，她根本不敢穿別的顏色。」楊松錞說，就算iFit不信邪推出其他顏色，銷量卻證明消費者就只愛黑色，因為黑色最顯瘦。

不同於傳統零售商從生產端發想消費者的需求，iFit反其道而行，從會員端看到需求，再設計生產。為此，iFit甚至成立了一批7千人的「敢死隊大軍」，他們在粉絲團上選出一群最積極參與討論的粉絲，邀請他們加入臉書的封閉式社團，這批敢死隊不見得消費力最強，卻最死忠。楊松錞表示，在商品開發初期，這批死忠粉絲願意每月繳交99元，訂購定期寄送的試用品盒，幫助iFit少走很多冤枉路。

其實，這些試用品的成本每盒都遠超過99元，但iFit強調，製作試用品盒不是為獲利，而是獲取建議。有一次，iFit推出電子秤作為贈品，照慣例，正式出貨前他們先在社團內貼出兩張不同顏色和圖案的設計圖，詢問粉絲意見。沒想到粉絲大多喜歡A顏色配B圖案，但這意味著iFit必須重新畫設計圖和打樣，之前做的等於都變白工，但最後內部仍決定聽取意見，推出粉絲指定顏色和圖案搭配的贈品。

在iFit，所有設計師都必須認同「團員至上」的文化，放下本位主義心態，傾聽團員的需求，包括和iFit配合的紡織代工廠，一開始也很懷疑這家創辦人還不到30歲的小公司。iFit執行長陳韻如沒有紡織背景、森林系畢業，竟敢回過頭來教他們怎麼做產品！但幾款產品大賣之後，代工廠發現iFit真的能掌握客戶需求，開始配合去修正產品。

至今，陳韻如依然每天要親自看過客服回報與會員意見，再轉介會員意見至不同部門，並且跳下來協調，確保會員的心聲和需求都能被聽到。

以消費者意見為先的互動邏輯，讓粉絲感覺被重視。現在，iFit新、舊客比例為6比4，他們將消費前30％的會員稱為「超級團員」，超級團員的消費力比一般團員多出5成。為了這群超級團員，iFit還提供專屬客服人員和新品搶先試用等額外服務。

消費者是最好的老師

花了3年，iFit站穩電商市場，確定以機能服飾為主力商品，到第4年它沒有擴大商品線，反而開出第一家線下實體店。原本iFit把實體店定位成體驗中心，還有營養師做專業檢測，但後來發現大小約15坪的銷售門市才是客戶要的。確定開店形態

後，iFit便在全台不同商圈開「快閃店」，花了大半年從北到南進行測試，了解當地消費者並蒐集大數據，且同步訓練儲備店長，從2016年初至今，幾乎是以每個月一家店的速度，快速在全台開出19家實體門市。

在開實體店的過程中，iFit董事長謝銘元坦承，過去做電商並不知道客戶真正消費或不消費的原因，但透過一對一的接觸，客戶會告訴你，他真正期望的是什麼。也因為跨入實體門市經營，以前只有電商經驗的iFit得面臨新的管理議題，包括庫存控管、供應鏈管理，和現場人員的教育訓練等，這都是他們以前沒有的經驗。

謝銘元説，線上競爭講究數據思維，特別有速度感。消費者從看見廣告的那一刻開始，進入網站、瀏覽網頁、添加至購物車、付款成功等，每一個節點停留多久，都有數據可以追蹤。換言之，經營線上電商只要能夠掌握數據力，誰調整的速度快，誰就容易脫穎而出。

轉換到經營線下實體店，除了系統、數據，現場實踐更是重要，很多商品客戶要現場看、現場觸摸才有感。此外，可能門市作業流程都建立完備了，現場人員一個表情，或一句問候語的語調不同，銷售成績可能就天差地別。因此，如何運用電商的數據思維，把實體的人情互動帶回線上，是虛實整合的成敗關鍵。

他也特別強調，不管是實轉虛、虛轉實，最需要具備的其實是「開放力」，經營者一定要有隨時歸零的準備，並保持開放的心態「向消費者學習」，因為他們才是零售業者最好的老師。

本文出自《商業周刊》1512、1522、1538期

從線上到線下／創新案例 2

傻勁搞定 IKEA 辦不到的事
東稻家居 》家具網養車隊

小檔案
成立：2006 年
產品：沙發、床墊等家具
執行董事：張修元
成績單：2016 年營收 4 億元

線上最大家具商東稻家居，在新零售時代的致勝關鍵，是選擇做一件很笨的事情。

2006 年，東稻家居執行董事張修元原本是在網路上賣美妝產品，因準備結婚，意外發現時尚家具在網路上仍是一片「藍海」，因此和另一位創辦人陳冠豪投入 150 萬元創業。他們專賣沙發和床墊兩件最大材積的商品，理由不是理性的，而是出國看展考察後，只因進貨以一貨櫃為單位，天真的想如果一貨櫃的貨賣不出去，庫存 100 張床比起 500 張餐椅「要銷比較快！」張修元至今想起來，仍覺得好笑。

兩人很快嘗到挫敗，不是因為沒有訂單，而是有了訂單卻沒有宅配業者願意承接，於是他們找了外包司機合作，但出包連連。譬如貨到付款，但司機拿走數萬元貨款後就消失，或者連車

帶貨不知去向，更常見的是和顧客約定了送貨時間卻不準時。更糟糕的是，東稻誕生於網路，同樣都賣家具家飾，但他們就是和IKEA、特力屋或家具街的店家不一樣，因為網購商品都享有7天鑑賞期可無條件退貨，實體家具店幾乎零退貨，但東稻的退貨率是15%。

對消費者而言，東稻和賣女裝、包包的網路賣家沒兩樣，如果送貨司機態度不佳如抽菸或打赤膊，可能導致顧客退貨；有人甚至提出「把舊沙發搬走，我才要簽收」的要求。以東稻第一年營收只有70萬元來講，光退貨就能壓垮他們。「送衣服的司機和顧客接觸時間平均是一分鐘，運送家具的司機停留時間平均是兩小時。」張修元點出兩者最大差異，也體悟出一件事：為了喝牛奶，東稻必須自己養牛。

設物流長做教育訓練

2007年，東稻自建物流團隊（事實上就是兩位創辦人和一台小發財車），兩位創辦人自己送貨，現場送貨的經驗讓他們摸透家具設計與運送的「眉角」。譬如住宅電梯高度平均210公分，因此他們設計的沙發長度最長只能為200公分；家住40年老舊公寓的顧客在送貨前，必須請他們提供樓梯寬度。

一整年的苦力生活換得1千5百萬元營收，和第一年相比，業績大躍進20倍，兩人十分興奮，也證明線上家具市場的確很大。他們也發現，原來家具司機不僅是司機，還必須是安裝技師、客服專員，甚至是室內設計師。但這可不是買車、找人就能搞定，東稻為此設有物流長負責教育訓練，上課內容細到至客戶家的應門禮儀，以及拆商品包裝的保護技巧，「目標是做到不讓顧客客訴！」東稻物流長龔添華說。

　　此外，為了讓司機與顧客在送貨現場有標準化服務，東稻另外編制3位專員，專門稱為「約訂單團隊」，商品在出貨前，釐清顧客所有需求，讓司機專注在搬運和組裝。10年來，東稻物流團隊從兩位創辦人和一台小發財車，成長到今日20台貨車和25名全職司機，平均每個月送1萬3千件貨物。

把線上顧客引來門市

　　機會是給有準備的人。東稻的物流優勢關鍵轉折點，出現在2011年，東稻推出一張售價2,499元的復古沙發床，兩個月狂銷2千張，500萬元的業績，占全年營業額的四分之一，「若沒有自己的物流團隊，爆款來了我也賺不到錢！」張修元說。這一仗打響了東稻的知名度，同年，東稻在線下開出第一家實體門

市，如今全台有4家實體門市，2016年營收4億元，其中兩億來自線下門市，不用擔心退貨，也不用被大型購物平台抽成25%，讓它邁向新零售戰場。

和大型連鎖家具商IKEA、特力屋相比，東稻實體門市顧客全來自線上通路，這是差異化所在。曾為特力屋操盤電商的富盈數據執行長陳顯立説，在網路上搜尋關鍵字「床頭櫃」先看到東稻，而非特力屋、IKEA，從線上形象識別度來講，東稻與消費者的距離很短。

我們以為東稻終於苦盡甘來，虛實通路融合有成，卻看到張修元一臉戰戰兢兢説「這是挑戰的開始」，因為實體門市全開在城市郊區，根本不會有過路客，顧客完全仰賴線上引導。「一旦我在線上鬆懈，線下就完蛋了！」張修元説。

笨鳥先飛撞了滿頭包，讓東稻練出一身獨特武功，但永不鬆懈，或許正是在多變的新零售戰場的生存之道。

本文出自《商業周刊》1531期

從線上到線下／創新案例3

大數據做到店面零庫存
Life 8 》男鞋網開體驗店

小檔案

成立：2012 年

產品：男性服飾、鞋款

共同創辦人：林瑞豪、林瑞嘉、林瑞達

成績單：2016 年營收 2.5 億元

走進 Life 8 位在台中綠園道商圈的男性鞋店，當你在架上琳瑯滿目的 500 多種鞋款中鎖定目標後，想結帳時店員會告訴你 —— 抱歉，現場不銷售，請您用店內電腦或私人手機連到官網下單，兩、三日後會送貨到府。

所以你可能買了一堆，手上卻一件提袋都沒有，而你的行為軌跡，包括在店內摸了哪一區商品、行走的動線、在每個櫃位停留時間等，都早已悄悄被記錄下來，作為它下次開發商品或調整店內陳設的依據。這樣的體驗店，它在台灣已經有 7 家。

大數據是核心競爭力

提到 Life 8，多數人的印象是臉書上常看到的廣告「國民男

鞋」——高CP值、款式多樣、「每日一鞋款」的快時尚。快時尚背後，這家公司靠的是線上消費者大數據分析所撐起。用數據主導商品企畫，不僅讓庫存周轉天數短至40天，效率是業界平均的兩倍。數據分析也讓他們的設計力大幅提升，例如Life 8以前只敢開發黑色、咖啡色系皮鞋，尺碼只做到5碼，但它透過一次次分析，大膽開發墨綠色、藍色系皮鞋，意外受歡迎，尺碼更做到7碼，讓難買鞋子的「大腳丫」男顧客，從此黏住Life 8。

如今，它更把這套數據分析能力及快時尚體驗帶到線下實體店，建立了全台唯一「零庫存」的O2O零售體驗店。Life 8創辦人、米斯特國際執行長林瑞達分析，如今網路廣告費不斷上漲，漲最兇的非每年平均上漲30%的臉書莫屬。

他估算，在網路上取得單一客戶的平均成本為200到300元，經營實體通路雖然花錢，但成交轉換率是網路廣告的5倍，換算下來，在實體店取得單一客戶成本只要100元，竟比電商還要便宜！再加上零售市場有90%來自實體通路，「那為何不切入？」但電商業者跳入實體零售，就猶如小白兔闖入叢林，如何應戰？Life 8的策略是：放大優勢、隱藏劣勢。

店面就是資料蒐集中心

從一開始的選址，就是從Life 8過去三年累積的數據，觀察寄送訂單分布情形，選出主要銷售地區。此外，Life 8實體店內每一層樓天花板都安裝360度攝影機，記錄顧客動線、停留時間；只要商品被拿一次，就有一次「相對位移」紀錄，從中觀察商品受歡迎程度，再找出與訂單成交的關係。

Life 8實體店每天藉由交叉分析去微調店內陳設。「就跟線上行為軌跡分析一樣，能立刻找到黃金位置、黃金商品，把科學數據化的核心能耐放到店面，」林瑞達說。有一次他們發現，落地櫥窗前的櫃位每天都有許多人流上前查看商品，但該區訂單成交狀況卻不理想，於是便將該區原本販售的休閒鞋換成運動鞋，成交率立刻翻倍提升。

此外，一般實體店面有30％空間用來放庫存，也需要大量人力，來來回回幫顧客試鞋、找尺寸，但Life 8實體店堅持不在店內放庫存，不僅可以提升坪效，還能精簡人力。3層樓的旗艦店離峰時段只需要3名店員負責介紹鞋款、解說購物方式即可。

因為不放庫存、不賣現貨，消費者要透過Life 8店內電腦，或者自行用手機連上官網註冊、下單，一方面對男性顧客訴求「無提袋購物」的新奇購物體驗，一方面又能掌握顧客會員資

料，而實體店面吸納而來的新會員一旦養成在網路上買你產品的習慣，Life 8在網路上取得客戶的成本也會隨之降低。鴻海科技集團富盈數據執行長陳顯立直言，一旦在店內放入庫存，就進入痛苦的進銷存戰爭，經驗不足的電商玩不過實體零售業者，Life 8乾脆隱藏劣勢，轉化為優勢，「它很聰明！」

實體店也帶來新的線上、線下會員行為。例如，不少熟悉網購的消費族群，有時候一邊逛，一邊就會掃描商品QR code，瀏覽Life 8官網，再回家下單。雲端服務公司InMoment研究也指出，消費者若在實體門市同時造訪品牌網站，購買力可提升2.2倍。林瑞達笑說，在體驗旗艦店開幕前一週，他每晚都失眠，就怕消費者不接受這種購物模式，所幸，擔心的事沒有發生。Life 8在2016年下半年陸續開設6家體驗店，下半年營收立刻較上半年翻倍，全年營收達2.5億元，上半年新會員占比為25％，下半年則提升至38％。

Life 8在新零售時代的探索證明了：面對全然陌生的領域，只要懂得截長補短，劣勢也能變優勢。

本文出自《商業周刊》1531期

娛樂和溫度、收集更多大數據

　　為什麼要從線上開到線下？因為「錢」在消費者口袋裡。那消費者又在哪裡？即使是發展蓬勃，電商消費者人口大概只占總人口40%。要有更多消費者就必須從線上走到線下。

　　早期美國曾打造一個全都是自動販賣機的超市，結果銷售極差。因為消費者去賣場買東西，看到「人」是非常重要的事情，即使沒有跟任何店員和顧客互動，但看到許多人就有一種「娛樂」的感覺。所以，電商要從線上走到線下，要注意服務業的溫度，因為購物不只是購物，還有一種互動的溫度。

　　此外，人們到電商的主要目的是購物，所以網路上收集的大數據，對消費者的描述是偏頗的，從線上到線下的好處是，對消費者的了解會越來越多。舊零售數據圍繞在商品上，但新零售大數據是圍繞在個人身上，當我們從線上和線下，收集到一個完整的個人化大數據，才能以比消費者更了解他自己的 AI 智能分析，做到 C2B 模式強調的隨時感知、即時回應。

重量級玩家 17 個月大洗腦運動
神腦國際 》熬過轉型陣痛

小檔案
成立：1979 年
產品：台灣最大手機通路業者
總經理：電商事業部單紹棣，通路事業部總經理黃文祥
成績單：年營收 340 億元
　　　　神腦線上 App 上線首日 50 萬個下載
　　　　線上平台開賣首月 4 千筆取貨訂單

迎戰新零售時代，重量級玩家轉型更痛，一路都在面對決策者的兩難。成立 38 年的台灣最大手機通路業者神腦國際，這場由新事業領軍變革的企業創新案例就是典型故事。

全台擁有近 300 家門市、3 千名員工，一年營收 340 億元的神腦國際，其購物平台「神腦線上」（Senaonline）官網和手機 App 在 2017 年 1 月 3 日同步上線。而且，賣的不只是手機和周邊商品，連餐券、面膜等民生消費品也一應俱全。

但神腦再怎麼神，也不可能賣贏 PChome、momo 以及雅虎三大電商平台。面對外界質疑，神腦一次請出電商和實體通路兩部門總經理接受《商業周刊》專訪。電商事業部總經理單紹棣挑明講：「神腦如果要做電子商務不會成功，因為根本沒有機

會，我們的目的是要做通路變革與升級。」

　　神腦的變革來自於經營瓶頸，攤開神腦財報，2014年營收開始下滑，2015年更大幅衰退14%，更可怕的是，在這個追求跟顧客「黏TT」的新零售時代，專賣手機門號的神腦，顧客的「回購率」竟長達一年半，也就是門號到期時。作為通路，它距離顧客竟如此遙遠，不改變就等著被淘汰。於是神腦在總裁林保雍一聲令下，2015年8月啟動變革，延攬雅虎奇摩前電子商務營運事業部總經理單紹棣，領軍全新的電商事業部，而通路主管則換上台灣大哥大前副總經理黃文祥。

腳底扎刺的大象能跳舞？

　　變革，從換新人開始。林保雍一口氣延攬兩位外部專業經理人，展現改變到底的決心。不僅如此，單紹棣還在2017年3月1日接任神腦整合行銷部總經理與公司發言人，神腦的虛實通路整合大計，由線上部門主管主導的態勢底定。但是，大象是很難跳舞的，「他們（電商）要來搶我們業績了！」黃文祥坦承，門市人員一開始是抗拒的。2千名門市業務的反彈更像在大象腳底扎了一根刺，大象怎麼可能有漂亮舞姿呢？

　　「傳統公司設線上（部門），第一件事情不是對抗別人，而是

對抗內部,這東西(線上業務)一出來,外面還沒打仗,裡面先打一仗,」單紹棣說。於是,神腦布局17個月,關鍵工作竟是對全員「大洗腦」,而背後的傳教士團隊就是單紹棣領軍的80人電商部門,這是一場實力懸殊的對抗賽。

大洗腦,從溝通「為什麼」開始。大方向包括「為什麼我們要做電商?為什麼我們要改變?」實務面則包括「為什麼門市要幫忙推廣App?為什麼客人都上門了,還要鼓勵他到線上購買?」對象從店長以上中階管理階層開始,除了每個月授課電商知識如金、物流,每天還要利用10分鐘晨會做經驗分享與交流,「幾乎每場會議不管主題是什麼,最後都要講上幾句電商,」一位神腦銷售主管用「思想改造」形容這場全員運動。

然而,對第一線門市業務而言,有效的洗腦必須搭配適宜的管理手段和獎勵制度。為此,神腦調整了兩千名業務KPI(關鍵績效指標)的計算方式,只要他們引導顧客註冊成為神腦線上會員,該顧客未來在線上所有的消費,部分成為他們的業績。儘管祭出蘿蔔,但仍有店員實際服務「線上下單、到店取貨」的客人時難掩傷心,「這本來是我的業績……。」黃文祥立刻洗腦:「客人到店取貨就認識你了,你還可以賣他包膜和配件,跟客人黏著度變高了。」

洗資料省下6千萬

　　歷經一年半的大洗腦運動，神腦成功把既有150萬會員的三分之一，轉換成50萬個線上會員，讓神腦線上App在上線首日前，就有50萬個下載。而線上平台開賣一個月來，近300家門市有4千筆「取貨」訂單是來自線上。改變帶來小成效，神腦2017年2月營收比去年同期成長了2.9%。「這些數字讓門市（業務）慢慢感到線上（平台的）可愛，單總（指單紹棣）是可愛的，知道後面要走的路徑是對的，」黃文祥邊說邊笑。

　　你若以為這場大洗腦運動光靠不厭其煩的「說」，那就錯了，因為背後是單紹棣啟動了43個資訊系統專案「練」出來的。其中最苦的是他發現，神腦成立38年、累積的200萬筆會員資料，竟然是沒有用的，「因為他們沒有CRM（顧客關係管理）的概念，以前蒐集很多資料是為了KPI交差了事。」

　　「留了顧客電子信箱，卻少了@，一看就知道是錯的。」為了確認200萬筆會員資料哪些是對的，哪些是錯的，單紹棣啟動的專案包括「除錯系統」，建立一個電腦系統來協助辨識與比對會員資料的正確性，他稱為「清洗資料」。此事耗費5個月之久，200萬筆資料「洗去」50萬筆，原來，竟有四分之一的資料是錯的。但它是值得的。因為，如今網海已經擠滿逾400萬個

App，取得一個App的下載成本截至2015年已經來到最高4美元（約合新台幣120元）。如果沒有這項步驟，神腦若要取得50萬線上會員，代價就是付出6千萬元。

這個慘痛經驗，讓神腦改革了門市沿用數十年的會員格式，刪掉一半欄位，只留下姓名、電話和電子信箱，門市人員的作業時間也從6分鐘縮減至2分鐘，不再視為苦差事。

大象學跳舞，很難。當小規模一點的電商與零售開始在線上、線下串流，在數據裡挖礦，神腦卻宛如是新零售「新生兒」努力學爬。但從它歷時17個月的3千人大洗腦，讓我們看到打造新零售的難度，以及背後非常重要的關鍵：只有重新設定思考模式，才能突破決策的兩難。

本文出自《商業周刊》1531期

從實體到網商／創新案例 5

光華商場老店創 40％成交率
良興電子》大數據管會員

小檔案
成立：1973 年
產品：線材、鍵盤等 3C 周邊
總經理：賴志達
成績單：2016 年營收 13 億元，連鎖 3C 通路毛利率最高

　　良興44年前從台北光華商場的「良興電料行」起家，是銷售電子零組件的專業門市，極盛時期它一年可賣4億元數位相機，全台每十台數位相機，有一台是它賣出的。

　　但極盛也是衰退的開始，更是轉型契機。2005年，3C通路競爭激烈，當競爭對手燦坤展店數進逼200家，良興創辦人林萬興借鏡美國電子商務蓬勃，毅然決定成立良興購物網，是台灣3C通路跨入電商的始祖。主導良興轉型大計的是出身資訊主管的總經理賴志達，12年來，良興所有資訊系統從POS（銷售時點情報系統）、ERP（企業資源規畫）到CRM（客戶管理系統）等，全部不假他人之手，為發展O2O奠定深厚的數據底子。

　　現行傳統零售業者跨入新零售最大困難在於會員管理，包括會員是誰？如何引導既有會員註冊線上會員？線上與線下會員資

料能否同步更新等。「這是基本，但卻很難，」良興電子企畫處經理黎美秀說，光是人們的「聯絡方式」從市話進展到電子信箱再到手機號碼，「你如何判斷現在用這個手機號碼登錄的會員，和過去用某市話登錄的人是同一個呢？」

線上工具召喚會員

讓會員線上／線下無縫接軌，良興練了12年，更為此開發了四、五個比對系統，即時更新會員資料，「讓電腦比對不難，難的是主事者要意識到人們的溝通方式改變了，」黎美秀說。

「它很老，卻是我少數看過數據化管理最徹底的公司，」生意都圍繞在電商業者，有著全台灣最會發EDM電子廣告男人稱號的飛信資訊共同創辦人李振瑋如此觀察。也因為它知道40萬會員的面貌，以及他們的購物行為，精準的把他們的口袋挖深，所以良興2016年營業額13億元，並以19%毛利率領先業界。

不管你從門市或線上加入良興會員，入會第1天會收到良興發出的「歡迎信」；第7天會收到「感謝信」，告知會員權益；1個月，你會收到紅利金並夾帶促銷資訊。3到6個月後，你會收到折價券，最高金額可能是1千元。如果你仍不為所動，良興會把你列入觀察名單，1年後你仍沒回購，就把你歸入「沉睡會

員」，暫時不打擾你，而把心力放在「清醒」的會員上。

關鍵是入會3到6個月會員，賴志達說，「以3C商品特性，好的會員大概每3到4個月回來購物一次，這個階段的會員最容易被召喚。」相較現在購物平台廣發折價券，良興的做法就是「精準行銷」，不做無效的會員關係。

客戶經營交給線下門市

良興用線上工具召喚會員，但把經營會員關係的工作導引給線下門市人員。2015年首創購物網的專人服務，線上消費者有任何疑問，可點選門市並留下電話，在上班時間內，10分鐘內會有門市專人回電答覆。其實，觸發良興設計這項服務和門市衰退有關，「門市10點到下午2點基本上都沒顧客消費，」賴志達說。為了不浪費閒置人力，良興把線上客服交給門市人員，配套措施是線上業績讓門市人員分一杯羹。

祭出蘿蔔後，這項服務效果驚人，成交率高達40％，遠超出良興門市20％的提袋率，以及良興購物網1％的轉換率。當服務變積極，消費者黏著度就會提升，這就是「服務」的價值。因此，儘管電商當道，賴志達仍非常致力提升「面對面」服務。3年前，他再次召喚數據之神，讓電腦比對打有統一編號的發票，

從中找出良興的目標企業客戶：中小企業，再交由門市業務人員主動出擊拜訪，這項業務營收年年增加100%。

　　數據，也讓良興更準確的找到實體通路銷售方向。有別於一般3C通路以消費型電子產品手機和筆電為主力，良興因為了解會員，進而敢重壓「高毛利低單價」商品，譬如一個售價4千元的電競鍵盤，光是電競周邊，良興一個月可以賣上千萬元如鍵盤、耳機等產品，「應該沒有人比我們更有效率了，」賴志達說。因此，當實體通路衰退，良興去年實體門市營收卻逆勢成長5%至10%。

　　新零售時代，虛實通路界線模糊，消費者體驗完整最重要，數據只是幫手，良興在此做了最完美的演繹。

本文出自《商業周刊》1531期

服務業科技化營收破 600 億元
家樂福 》量販店變智慧店

小檔案
成立：1959 年創立於法國，1989 年台灣首店開張
台灣總經理：貝賀名
主要商品：食品、生鮮、家用品
成績單：台灣 2016 年總營收逾 600 億元
地位：歐洲第 1 大、全球第 2 大的零售集團

Tomorrow
第二章

　　走進家樂福主打「智慧量販店」的桃園八德門市，眼前是AR穿衣鏡、虛擬投影足球場等高科技娛樂裝置，一靠近零食區，手機上還會跳出自動定位的WiFi推播，提醒你：「某牌餅乾買一送一！」在市中心、住宅區或學校周邊，更有比便利商店稍大、專賣零售商品的中小型超市 ——「家樂福便利購」快速展店，亮橘色招牌，往往就坐落在7-11或全聯隔壁。

　　這，是來台28年的家樂福最新面貌。

　　根據經濟部統計，台灣量販店營收已連續10年呈現正成長，2016年增率約4.6％，但各品牌展店數卻自5年前就陷入停滯。其中，店數唯有家樂福一路「暴衝」，不僅創下兩年內開出24間店的紀錄，去年營收突破600億元，成長逾5％。網購大軍

入侵，各家實體店不是關店就是店數成長停滯，家樂福看到了什麼機會，敢逆勢加碼？

增設中、小店型

故事要從來自法國、2015年接手台灣總經理的貝賀名（Rami Baitieh）開始說起。和多數企業領導人不同，貝賀名的名片上，直接印著他的手機號碼。他很願意和消費者、第一線員工交流，平均每週都會收到3、4封「意見信」，再親自一一回覆。他最經典事蹟，當數「突襲式巡店」。因剛上任時不會說中文，他坐上計程車後總會直接說「家樂福」，看司機載他去哪。一切隨機，賣場根本無法事前準備。身為全台唯一坐擁量販、超市與電商的品牌，為何家樂福需要同時擁有3種店型？他不假思索：「不是我們需要，而是客人需要！」

家樂福公關經理何默真回憶，貝賀名曾在前年店長會議中，找來一名從不在家樂福購物的消費者分享。這名女性已婚、兩人雙薪小家庭，直言量販店商品分量過大，每次都得逛很久，不如網購，「那對自居業界龍頭的我們是很大的衝擊！沒想到真有人不需要大賣場，這種生活形態的台灣人只會越來越多。」

為挖掘更多隱性需求，貝賀名持續隨機巡店，5個小時可連

跑3家分店，看見值得鼓勵或改善的人、事、物，就拍下來上傳到 Line 主管群組，曾在一天內傳送近百張照片。好奇之下，我們也看了他的 Line 群組。一張拍攝停車場喇叭的照片，下方寫著：「喇叭在播放音樂，夜晚停車時能增加安全感，Bravo！」另一張照片拍攝停車格，牆壁上有幾道刮痕，他又寫：「可能刮花了客人的車子，牆面應安裝防護軟墊……」，處處鉅細靡遺。

在都會區發展中小型店的策略，讓家樂福去年營收大漲。貝賀名透露，這是全球性趨勢，但台灣的反應速度會更快，「因為台灣是個對『方便』的追求非常極致、標準非常高的地方……這裡的服務業反應一定要及時，否則，消費者很快就會找到更方便的方式！」

服務業科技化

急速改革讓家樂福動了起來，但也難免遭逢抱怨。貝賀名坦言，到現在都仍有員工不願改變，「我只能用行動讓大家知道，老闆是認真的！」一年下來，家樂福實體賣場客訴比降低30％，顧客感謝函更成長80％，但下個挑戰是從實體到虛擬。事實上，法國家樂福總部原以重視「服務業科技化」聞名，每年固定參加法國最大創新科技展 Viva Technology。而這一次，台灣家

樂福喊出打造「智慧量販店」，一口氣祭出WiFi定位廣告推播、客流分析、室內空氣品質檢測、顧客滿意度調查等6個新技術。

　　研華科技智能物聯網服務事業群副總經理江明志分析，這類「實體通路結合虛擬科技」技術，可分為兩個階段。一是互動體驗，如AR穿衣鏡等，有助於提升消費者進入實體賣場意願；二是長期收集大數據，藉此觀察潛在需求，如客流分析，透過預測賣場尖峰時段後，導入排班系統，預先調節現場人力，「家樂福已走到第二階段，等於是online和offline模式的結合了。」

　　台灣正大張旗鼓展店改革，遠在海洋的另一端，全球家樂福集團的2016年財報，卻顯示淨利衰退20.4%。如何說服總部持續投資？貝賀名表示，一是台灣是家樂福進入亞洲的第一個據點，對總部具戰略意義；二是直到2005年前，台灣在全球家樂福的營收排行榜始終名列前茅，讓總部記憶猶新。雖然一度往下掉，但去年又衝回了前幾名。

　　貝賀名坦言，零售的定義正在改變，特別是在對「方便」如此敏感的台灣，未來還有非常多可能性，「我們能做的，就是隨時準備改變！」

本文出自《商業周刊》1549期

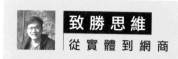
不是企業流程再造，而是範疇再造

從實體店面到網商，很容易陷入把電商當成「工具」來使用的窠臼。舊零售的思維是賣東西，即使經營電商，仍把電商當成多了一個接觸消費者的通路或工具，來幫助銷售，就像是沃爾瑪的電商就是這種概念。新零售卻不是這樣。新零售是以人為中心，重點是個人的價值滿足。例如亞馬遜併購全食超市，不只是要建立一個新通路，而是要把全食超市加入在現有的生態系裡，產生新的應用。零售商從實體到網商，大概會經歷3種改造階段：

一、企業流程再造：也就是銷售流程從實體變成虛擬。

二、企業網絡再造：因為有了互聯網連結，企業必須重新思考和供應商、客戶的關係。

三、企業範疇再造：這是最重要的，既然是以消費者為核心，就不再是以我自己企業的物料為核心，所有的流程改造和產品範疇都是要打破原來的疆界，圍繞在客戶的價值上。

沃爾瑪的電商是企業流程再造，亞馬遜的電商是企業範疇再造，那麼當你要從實體店跨入電商，又該處於哪一個階段呢？

一枚小貼紙串連線上／線下
@cosme 》全球最大美妝評論網

小檔案
成立：1999 年
創辦人：吉松徹郎
成績單：每月活躍用戶數逾 1,400 萬
　　　　2016 年 iStyle 年營收 143 億日圓

　　根據日本觀光廳的數據，台灣人遊日最愛買藥妝品，藥妝通路更是台灣人去日本的必備行程。而在琳琅滿目、推陳出新的日本美妝保養品中，許多女生都會注意到一個貼在商品上的小貼紙：「@cosme」，標示著該商品是某年度的第幾名人氣商品，讓人在眾多商品中，一眼看到最熱門的是什麼。

其實，我們是數據公司

　　這枚小貼紙，背後代表的是足以左右日本美妝美容業的 @cosme 網站，三分之二介於 20 至 39 歲的日本女性每個月至少會逛一次這個網站，它也是全球最大的女性美容產品資料庫，創立於 1999 年，18 年來，累計 27 萬種商品評論、1 千 3 百萬則商

品評論，每月活躍用戶數高達1千4百萬名，而在線下，全日本營業額最高的藥妝店也是它。甚至，根據iStyle的調查，有八成的台灣女性也聽過@cosme。

在日本，一年一度的@cosme美容大賞，等同美妝界奧斯卡的代名詞。《商業周刊》前往@cosme母公司iStyle位於東京精華區六本木 Ark Hills 34樓的總部，獨家專訪@cosme創辦人兼社長吉松徹郎，這是公司創辦以來首次接受台灣媒體採訪。

2016年，iStyle年營收143億日圓（約合新台幣39億元），辦公室風格素雅，完全看不到任何化妝品或保養品，雖然做的是看似十分女性的生意，卻有四成以上的員工是男性。「表面上，看起來我們好像在經營一個網站，但過去十幾年以來，我們一直都在做數據庫，其實我們是一家數據公司。」26歲就創辦@cosme的吉松徹郎說。在@cosme的數據庫中，光是年齡、性別和膚質三個維度，就可以組合出840種不同面貌的消費者，這還不包含每名消費者的購買和使用商品行為，及多達27萬種的商品變數。

不懂美妝，卻預見電商趨勢

掌握1千4百萬用戶消費情資，這些與女性息息相關的大數

據，成為＠cosme的核心價值所在。社長吉松徹郎原先從事顧問業，是美妝保養品的門外漢，其前妻從事美容業，但促使他創辦＠cosme的動機，其實是亞馬遜。他看到亞馬遜的商品頁面下方，都有消費者評論，他有預感，電子商務將會成為未來的趨勢，但，要在網路上賣什麼呢？他發現，當時日本化妝品產業一年的行銷預算為3千億日圓（約合新台幣780億元），他認為，隨著未來網路行銷預算比率提高，只要能吃下百分之一的行銷預算，一年就有30億日圓的營業額，於是，他選定化妝品產業切入，投入結婚基金300萬日圓創業。

但1999年，日本女性網路使用率僅1.9％，評論網站（review site）還是非常新穎的概念，連創業夥伴都不了解＠cosme到底是什麼網站。隔年網路泡沫爆發，吉松馬上面臨找不到人和資金的問題。「我有一個半月發不出員工薪水，請人家來公司上班，只能給他現在薪水的一半。」吉松徹郎笑著回想剛創業時的慘況，「於是他們說，那上班3個月後，你要買PS2（編按：Sony出的電視遊樂器）和腳踏車給我，我說好。」

該公司第一年虧損4千萬日圓，第二年虧損翻倍成8千萬日圓，第三年，一筆1億元的資金進來救急，＠cosme才終於開始獲利，「那時候我才26歲，還好我們一路走到了今天，現在我還是覺得這很神奇，很像電視劇。」吉松說。

不與廠商為敵，累積關鍵數據

　　雖然吉松徹郎創業的切入點，是想在網路上販售化妝品，但他明白若一開始就這樣做，會直接和化妝品業者為敵，於是決定從累積數據著手。因化妝品廠商最需要的，就是對手的消費者資訊，在十幾年前，還沒有任何一家公司能做這種跨品牌的消費者數據研究，吉松知道，一旦掌握了關鍵數據，化妝品廠商就不能沒有它。為了確保數據的公信力，@cosme用一套相當複雜的演算法，過濾廠商花錢購買的評論和不實評論，並且從2002年開始製作@cosme大賞排名及商品認證標章。為了確保演算法的中立，就連吉松本人都不清楚排名的生成邏輯，「這是祕密。以我的身分，品牌商會一直要我調高他們的產品評價，但是，我從來不會牽涉到評價當中。」

　　一個有趣的例子，是資生堂一款銷量很好的精華液，到了@cosme網站，評價卻很差，社長曾困惑跑來質問吉松徹郎。但他們研究數據後才發現，原來在網路上寫負評的人，是在資生堂專櫃拿到試用品的20幾歲的客群，這個客群並非該產品目標客戶，但專櫃人員因業績壓力，卻還是把試用品發給他們，於是造成該款精華液在20幾歲族群之間評價不佳的情況。因為得到對客戶的深度理解，讓資生堂避免得重新開發該產品的狀況。

@cosme商品認證，是它最早的O2O策略，但吉松很早就在思考，應該如何把其影響力延伸到線下實體店，他曾嘗試在店面放螢幕播放@cosme排行榜和在店面設實體排行榜，但最後成功的卻是其排名貼紙。「消費者拿到一個商品時，就是我們最靠近他的時候，因為有很多@cosme的使用者會在店面查詢商品評價，我們乾脆把標籤放上去。」吉松徹郎說。

　　沒想到後來這個標籤竟成了暢銷商品的護身符，曾經有一款卸妝油因為貼了@cosme第一名的標章，在一個月內銷售量大增3倍到4倍。化妝品公司開始紛紛向它請求取得貼紙的授權，@cosme於是開始收取標章授權費。

做認證標章，開店面賣體驗

　　取得化妝品廠商的信任之後，@cosme隨即開始在網路上販售化妝品，且因網路售價和實體一模一樣，化妝品廠商因而沒有抵制。2007年，他們甚至在東京新宿開出首家線下實體店「@cosme store」，這家店後來成了日本藥妝店店王，一年衝出14億日圓營業額。實體通路和電子商務是完全不同的邏輯，但@cosme竟殺出一條生路，《日本經濟新聞》評其為日本最成功的O2O案例之一。

@cosme 實體店的目的並非創造規模經濟，而是打造體驗，甚至沒販售的國際專櫃品，也帶進店裡提供試用、比較，讓消費者貨比三家更省力。因此十年來，在日本才開了 20 家店，台灣則是它第一家海外店。綜觀 iStyle 的財報，目前有一半的營收來自電商和實體店面銷售，網站營收占近 4 成，但網站營收貢獻的營業利潤卻是電商和實體店面相加的 7 倍，其中實體店面的銷售額又占其商品銷售總額的 8 成以上，可見實體店面貢獻的營業利潤於 iStyle 並不多，但卻可能是擴大其線上品牌形象的線下渠道。

今年，@cosme 預計在台再開一家分店，並完成對經營 UrCosme 的艾思網絡收購案。我好奇詢問吉松，為何做了女性美容相關的生意這麼久，私底下還是對美妝保養品不太了解，後來才發現，吉松創業之初便認為經營一門生意的成功之道，並非擁有該產業的人脈和知識，「而是針對消費者的行銷，能看出來今後會有什麼樣的變化。變化的過程中有什麼課題會發生，如何去解決……，如此，就算是過去沒有相關經驗，還是很有機會的。」他接受《日本經濟新聞》採訪時如此說。

對陌生領域不熟悉，從來不是遏阻創新的好理由；讓一家公司成為偉大企業的，是精準洞察消費者的需求，並且實際付諸行動提出解決方案，@cosme 說的正是這樣的故事。

本文出自《商業周刊》1539 期

騰訊、百度搶投資的「醫界批踢踢」
丁香園 》從醫生的需求出發

小檔案
成立：2000 年（2006 年商業化經營）
創辦人：李天天
成績單：2015 年營收逾新台幣 5 億元
　　　　用戶數逾 1,500 萬（含微信端用戶）

　　「丁香園」乍聽像餐廳，卻是中國線上醫療龍頭。 在中國看診難、資源不均，它看準這點，線上、線下搶挖金礦。在中國，有一句順口溜是「求醫 3 千里、掛號 3 星期、排隊 3 小時、看病 3 分鐘。」凸顯出求醫不便、醫療資源不均的困境。但，正因為醫療市場供需失衡，讓中國醫療商機這塊大餅格外令人垂涎。

　　根據顧問公司德勤中國（Deloitte China）的研究報告指出，近年來，中國的醫療衛生消費能力雖急速成長，但官方最新統計指出，中國人在醫療衛生消費總額占整體 GDP 比重仍僅有 5.6％。倘若中國的醫衛消費總額占整體 GDP 比重能在 2020 年達到其衛生和計畫生育委員會 6.5％以上的目標值，醫衛消費市場將達到人民幣 6 兆 2 千億元以上規模，折合新台幣約 31 兆到 35 兆元，也就是 7 個到 8 個以上台積電的市值。

曾靠捐款撐營運

李天天創辦的丁香園，聽起來雖像是一家「餐廳」，但其實是中國線上醫療領域的龍頭，全中國共有270萬名醫師，其中200萬名醫師是丁香園的會員。

這個堪稱全世界最大的醫生社群網站，吸引了阿里巴巴、騰訊、百度等中國各大網路巨頭的注意。2014年，即使丁香園的營收不到人民幣億元，便吸引騰訊砸下7千萬美元投資。李天天接受《商業周刊》專訪時直言：「要管理一群中國的柯P，相當不容易。」不過丁香園自有一套做法，而這套做法單純得出乎意料，那就是：建立一個讓醫生自主治理的體系，長期堅持所累積下來的信任。

丁香園，是李天天16年前攻讀哈爾濱醫學院時，架設在網易論壇上、與同學分享醫學資訊的一個空間，後來人氣逐漸升溫，慢慢發展為醫藥學術交流論壇，宛如醫學界的「批踢踢」（PTT）。他就像是這個批踢踢的創板人，讓醫界人士分享專業資訊，成為各板的板主，義務、自主管理。他能讓這些中國各省市如天之驕子般的醫學生參與網站，甚至成為他的板主、自主管理的祕密，就是與網友面對面的交流，還讓他們互相打分數。

他每年都要在中國各地親自會見幾十個醫生網友，「我只要

出車票錢，吃飯、住宿都有人包了。」李天天回憶，當時他只是個窮學生，醫生網友個個都比他有錢，所以他去見網友都不愁吃、不愁住。而且，他了解醫生渴望獲得其他白袍菁英認同的心態，所以他讓網友可以互相評分，醫生們為了取得別人認同，就更加分享專業醫療的資訊，「這會讓他們有ego（自負）的感受出來。」無形中也強化丁香園在中國醫生社群的向心力。

這個龐大的基礎，最後讓李天天在2006年決定放棄將到手的醫學博士學位，走上創業這條路，他讓丁香園擺脫靠網友捐款為生轉型為商業化經營。不過，這對李天天來說，卻是另一個挑戰的開始。為了抓住醫生的認同，丁香園不能過度商業化，它擁有龐大的專業會員，目前不收廣告費，以B2B（企業對企業）獲利模式為主，包括幫醫藥企業徵才；幫生技公司買試劑、耗材，但營收成長緩慢，李天天一度抵押房子，支付員工薪水。

直到成立逾15年的丁香園，營收才突破人民幣1億元。中國網路界稱丁香園為「慢公司」。李天天坦言，中國的互聯網公司營收年增率動輒三位數，「你成長100％，投資人還會問，為何不是300％？」與同業相比，丁香園的成長堪稱龜速。

策略營造醫病關係

　　儘管丁香園在中國網路圈中，營收和成長率都不算突出，但中歐國際工商學院戰略學副教授陳威如指出，與中國另兩個移動醫療網「好大夫在線」、「春雨醫生」相比，這兩家都是從病患端的服務開始發展，唯有丁香園是從醫生的需求出發。

　　以病患數量而言，丁香園雖不如另兩家，但由於策略細膩、有層次，在醫藥專業形象的基礎下，先從醫學界著手，把服務延伸至病患端，病患數急起直追，成為目前三個平台中唯一獲利者。為了抓住「中國柯P們」，維持網站內容的專業度，丁香園有超過50人、以醫藥科系背景為主的內容編輯團隊，為每篇文章把關。

　　李天天說，丁香園按照醫生的學術分工，共超過250位板主。板主除了管理討論文章，也負責為各醫生網友們發表的文章評分，所有人可以給積分最高的醫生鼓勵。透過長年實際晤面的互動加上虛擬的積分制，這15年來，丁香園就在李天天與中國醫生們打下的互信基礎下，築起一道最高的競爭屏障。

　　現在，搭上中國人口老年化快速問題，中國的「在線醫療」議題成為新顯學，「騰訊投資我們，就是為了卡位。」李天天直言，在騰訊之前，百度、阿里巴巴也都找上門，提供的條件並不

遜於騰訊，但李天天著眼的是，騰訊對醫療產業長期投入的熱情和長遠的眼光，「醫療不是traffic driven（流量導向），口碑更重要，還要看與其他產業的連結能力。」

丁香園搭上騰訊的微信平台，通訊傳播力量可連結政府、醫院、醫護人員、病患、商業保險等，各方進行互動，甚至跨領域合作。目前，丁香園在微信端的用戶，已突破千萬名。

先虛再實布局O2O

由目前結果看來，丁香園的選擇是對的，除了微信的平台優勢外，騰訊在醫療界的經驗和人脈，也明顯裨益於丁香園。舉例來說，李天天曾參訪宜蘭羅東的知名糖尿病醫院「游能俊診所」，眼見醫護人員親自陪病患買菜、教導其食物營養成分，無微不至的服務，讓他稱讚不已。能與游能俊診所接觸，正是透過騰訊的接洽與安排。

支付寶前技術團隊、現主導丁香園技術開發的馮大輝說，丁香園透過像「丁香醫生」（提供患者一對一醫療諮詢服務的App）這種自行開發的軟體，幫助患者提升就醫效率和體驗，而這是其他診所做不到的事情。從網路起家，挾著龐大的醫生社群資源，丁香園反其道而行，宣告要從線上跨足至線下，過程中面臨不少

質疑聲浪，但李天天堅信：從事醫療行業，與病患的真實互動才是根基。2016年1月成立實體的「丁香診所」，成為丁香園從「B2B」跨足到「B2C」（企業對消費者），建立起醫療的O2O（線上／線下）模式的里程碑。

獵豹移動副總裁金磊認為，「中國的醫療行業是有收費基礎的。」這也是未來產業網路化後，相當具備潛力的醫療新金礦。丁香園憑著其醫生社群資源，持續進行跨業結盟，不斷從企業端挖金礦，最新合作對象，就是保險公司。它與騰訊、眾安保險合作，透過騰訊「糖大夫」為糖尿病患者檢測，丁香園透過長期累積的大數據分析能力，根據檢測結果提供適合的健康管理方案。

對於眾安的保戶來說，每次按照要求測量，可獲得一定金額的回饋保費，理論上血糖越正常，發病可能性越低，這減低了保戶的發病機率，自然降低了保險公司的理賠金，成了丁香園的新商機。對於健保行之有年、診所密度相對高的台灣來說，丁香園的故事雖不易成為主流，但陳威如認為，台灣醫療服務發展成熟，與其他產業跨領域合作的可能性更豐富，這是中國醫界想借鏡的，也將是未來台灣搶攻中國龐大醫療商機的一大優勢。

本文出自《商業周刊》1481期

去中間化重塑旅遊業生態
KKday 》瞄準逾 6 成自助客

小檔案

成立：2014 年

創辦人：陳明明

成績單：為台灣第一個 Local Tour 電子商務平台
　　　　體驗行程逾 6,500 個，服務 174 個城市

　　日本賞櫻，到澳洲看企鵝歸巢遊行，探訪澎湖的藍洞祕境，這些行程安排都是旅行社的拿手絕活。但是這些行程真的非旅行社不可嗎？這個遊戲規則正在顛覆中。亞洲最大旅遊體驗平台 KKday，成軍才短短兩年，營收呈翻倍成長，海內外旅人透過他們，購買一個個旅遊的「零件」，自行組成一個行程，它的熱度代表著旅行社面臨的挑戰。

　　全世界的旅遊線上業者包括 Expedia、Agoda、Hotels.com 都在想盡辦法從傳統旅行社的身上挖一塊肉。現在，旅遊可以完全被拆解成「機票」、「住宿」與「行程」三大個體，從在地行程、當地交通與餐食、人文體驗等，不須再透過旅行社的套裝行程，消費者就能夠來一場真正自由的「自由行」。依據觀光局統計，2016 年台灣超過 1 千 4 百萬人次出國，三成選擇團體旅

遊，而自由行的旅客卻超過六成。

　　台灣逾6成旅客選擇自由行，讓新創旅遊平台鎖定20歲至50歲，搶攻傳統旅行社的生意。新創業者「去中間化」的能力，正逐漸瓦解旅行社的一塊塊服務版圖。KKday執行長陳明明觀察，當新形態O2O電商將旅遊元件拆成零件、分開販售時，最大的特色就是「不用落地台灣，就能把市場搶掉一大塊」。

拼裝式服務更彈性

　　有別於販售套裝團體或機加酒行程的傳統旅行社，KKday將「行程」拆開出售，包括機場接送、景點門票、體驗工作坊等，提供旅人更客製化的旅遊體驗，即使旅客只有一、兩人也能訂購成行，還能依淡、旺季有不同定價。

　　這種打破套裝，拼裝式的彈性，正是侵蝕傳統旅行社業務最大的殺手。過去，消費者想到日本包車賞櫻，得先跟旅行社、線上旅遊網（OTA）確認人數是否足夠成團，再委由日本當地旅行社執行；當KKday、Niceday、歐都探索（OUDO）等體驗行程O2O平台出現後，只要透過它們，旅人就能找到包車公司、合作景點，縮短旅遊供應鏈而速度更快。

　　面對不斷成長的自由行市場，早在2006年，像是可樂旅遊

這類的大型旅行社已開始朝線上電商平台發展，希望在不斷貼近用戶需求的過程中，藉由消費者的意見反饋，找到新的產品線，進行產品優化。也就是說，在大型旅行社眼中，線上平台扮演的是蒐集消費喜好度的角色，來強化團體旅遊的顧客黏著度。因為大型旅行社認為網路平台多以自由行的散客為主，而傳統旅行社則以團客為主，客源層不同，所以在上游採購元件時，更能以百萬客戶數，以及頻繁出團的穩定度，談判獨家商品來做出市場區隔。

例如，日本大阪環球影城的哈利波特主題園區開幕時，因人潮太踴躍，一般旅客排隊難以入園，可樂旅遊憑著龐大的團客優勢，獨家爭取到快速通關券，讓台灣旅客不管是團客或是自由行，可憑快速通關券保證入園，享受哈利波特魔法世界的超夯設施。這就是傳統旅行社集合人數優勢，強化談判籌碼的模式。

但是在新的競爭規則下，旅行社業者面對流失中的自由行客源，必須重新定義自身價值。「傳統旅行社的角色，不再是價廉物美的定位。」國立政治大學科技管理與智慧財產研究所教授邱奕嘉建議，傳統旅行社業者可透過舉辦達人分享的實體講座，吸引客源，也能經營機關團體、企業的獎勵旅遊，或是馬拉松、高爾夫等主題旅遊市場，以分眾、實體的並進策略，將散客與團客相互導流，甚至給予紅利或折扣，才會找出一條新的出路。

本文出自《商業周刊》 1543 期

新零售平台演進3步驟

最近平台經濟非常熱門，但馬雲卻說，未來沒有電商平台，那麼新零售的平台經濟是什麼呢？可從平台演進3步驟來看：

一、電商平台：20年前電商平台有點像是傳統市集，匯集買方跟賣方「多對多」的關係。對買方而言，一次購足可享受到規模經濟；對賣方而言，可接觸到更多流量。平台本身有品牌，消費者相信電商平台的商品品質會受到管理的保障。

二、O2O平台：是以消費者為主角的「一對多」關係。過去電商平台發展蓬勃，導致於平台太多，不同平台又有不同的APP，讓人們不勝其擾。這時候，實名登記，又有消費者帳戶的O2O平台，像是支付寶，可成為單一入口，進去之後就擁有叫車、訂餐等APP的功能。

三、智能平台：在O2O平台，消費者還是要面臨太多的選擇，新零售最後應該會出現AI智能平台。智能的定義就是，機器幫你做選擇，利用大數據分析，自動幫你進行最適配置。

Consumer to Business

Tomorrow

新製造

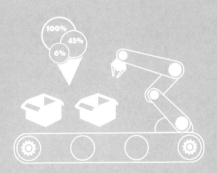

破壞性的科技應該被視為
一個市場行銷的挑戰，
而不是技術上的。
Disruptive technology should be framed as
a marketing challenge, not a technological one.

—— 哈佛商學院教授克雷頓・克里斯汀生（Clayton Christensen）——
《創新的兩難》The Innovator's Dilemma

更加挑戰的新製造

《商業周刊》在短短一年內，3次以封面故事探討「新製造」議題。第一次報導從一張Nike下在墨西哥的訂單開始，進行長達半年的追蹤。鞋業，是製造業中勞力使用最密集的產業，一雙球鞋產出要400人碰過，複雜度比手機還高，一支小米手機生產只需經過100個人力。按理來說，這應是最難被機器人取代的產業，但此時竟最先被革命。更讓人意外的是，從Nike到愛迪達（adidas），這群大廠發展智慧工廠，所挑選的新合作夥伴名單，竟然沒有傳統的鞋業代工大廠，而是曾幫戴爾、摩托羅拉生產手

機的電子代工大廠偉創力。在新製造浪潮下，台灣製造業最擅長的成本、勞力等管理優勢，商業價值正被殘酷的現實嚴厲檢視。

多品項、小批量的快時尚當道

顛覆傳統製造業遊戲規則的並不是技術，而是消費趨勢。因為互聯網，零售管道已由eBay、亞馬遜和淘寶等電商平台，取代以往的大賣場、百貨公司；電商平台裡的買賣雙方更容易對接，使得過去受限於經濟規模的小生意、個人化商品得以出線，長尾化、個性化的消費成為常態。以淘寶為例，每天同時在線商品數超過8億件，這8億件商品代表的是，消費端的個人化需求愈來愈蓬勃。以女裝來說，淘寶上固然有銷售數萬件的「爆款」，但更普遍的是，一款女裝銷售百餘件就會下架，改換新款。這種「快時尚」消費不只出現在服裝業，鞋業也是。現在Nike新品上架，只要45天沒賣出去，就會打6折放到Outlet去化，廠商必須快速更新商品的款式。近5年，Nike每季上架的款式數量，都以3成的速度成長。

馬雲從雙11「生產跟不上銷售」的現象，觀察到大量分散的個性化需求，已持續施壓於銷售端，再從銷售端逆向推動到製造端。因此，製造端在生產方式上必須具備更強的柔性化（彈性）

從工業時代到C2B時代的生產模式

	大規模生產	**大規模訂製**	**C2B 模式**
時間	20世紀初	21世紀初	開始出現
供需	供不應求	供過於求	個性化需求
市場	均質化	碎片化	個人化
消費者	孤立、被動	參與部分設計或生產	主動的深度參與
產銷	推動式	拉動式	互動式
企業	零和競爭	合作共贏	生態系協作
利基	成本、品質	成本、品質、速度	體驗為王

能力,並將進一步推動整條供應鏈乃至整個產業,才能適應「多品項、小批量、快翻新」的消費需求。然而,目前製造端明顯受到傳統生產模式的制約,因為多年以來,大多數製造業還在工業時代的生產模式裡,其設備、技術、流程、制度、理念,都是為了規模生產而準備的,要滿足個性化定製需求,達到「彈性化生產」,幾乎是不可能的任務。

多品項、小批量訂單對製造端的意義是,產品資料更多,對工人技能要求更高,最好是一個人會操作多種機器,而非單一工種,這等於在波動很大的勞力市場裡投下新變數。此外,個人

化訂單相對零散、無計劃性,供應鏈的備貨、工期安排都是一大挑戰。最重要的是,成本控制困難,個性化定製要求的備料品項多,但單批量不多,很難形成採購規模效益,導致製造成本大幅攀升。以每年需要出貨3億5千萬雙球鞋的Nike為例,想要降低人力成本和製造成本,一是擺脫低價人力只能在亞洲生產的困境,二是從材料開始創新。所以,Nike先是在2012年推出針織布面鞋,簡化製程以節省3成人力,之後在2015年宣布與偉創力策略聯盟,以智慧工廠革新整個製鞋的流程和供應鏈。

彈性化生產,只是第一步

然而,「彈性化生產」只是邁入新製造的第一步,因為我們剛剛提到的,僅止於電商平台、快時尚趨勢對製造端的影響。未來新零售,將會是線上電商、線下門市、隨身購物三者深度融合的個人化訂單。例如,在adidas描繪的消費藍圖裡,你只要用手機的鏡頭掃描腳,電腦會幫你計算正確的尺寸,你可以在手機或電腦繪製屬於自己客製化的鞋子。然後,走進adidas商店上傳你的設計圖,並且下單,在你家附近的智慧工廠裡,機器人就能透過聯網裝置、機器手臂、雷射與影像定位,生產出專屬於你的跑鞋。

也就是說,過去傳統製鞋需要18個月才能從設計、製造到

上架。未來，大廠設定的目標是：1天。製造商要怎麼在短短一天內，具體回應消費者的個人化定製需求？它必須要做到：隨時感知、智慧判讀、快速回應（Sense、Intelligence、Response）。

如果沒有在零售端布建大量感知器，透過大數據分析，製造端無法在第一時間得到消費者的需求；同樣的，如果沒有在工廠裡布建大量感知器和透過大數據分析，製造端也無法快速改變生產流程，回應消費者的需求。這就是商業互聯網和工業互聯網的對接。其實，不管是馬雲說的「新製造」，德國喊出的「工業4.0」，其基礎建設都是「工業互聯網」，屬於上游製造端的範疇。目前的情況是，商業互聯網的應用較為普遍，但多在價值鏈下游，也就是行銷、銷售、服務端，並沒有連結上游的製造與產品設計端。也就是說，商業互聯網與工業互聯網尚未有效結合。

第二步，建置工業互聯網

商業互聯網連接的是人（P2P，Person to Person），而工業互聯網連接的是商品、設備與機器（M2M，Machine to Machine）。要建置工業互聯網，需要包括資料收集的感知科技（Sensing Technology），邏輯判斷的智能科技（Intelligence Technology），以及即時反應的回應科技（Responding Technology）。舉例來說，綠能科技需要環境監測、物聯網產業需要網實整合、智能機器需要機台元件整合、國防工業需要精密感測、生技醫療需要生物感測，幾乎每個產業都需要藉由感知科技來收集數據，經由智能科技的判斷，再以回應科技滿足消費者的需求。

過去，產品是被中央主機所控制的設備製造出來的，未來，是產品上的晶片標籤告訴設備，你該怎麼製造我。感知科技就是讓產品發號施令，例如德國巴斯夫化工，以往批量化生產流程由中央主機控制，做法是紅色的染料做完了，做藍色，藍色做完做紫色。現在則改由產品晶片控制，做法是每一個染料瓶子上貼有一個IC晶片，晶片上有配方，由機器手臂去判讀IC晶片之後，決定染料的配方要怎麼去混合，這樣就能做到，每一條生產線中的每一瓶染料商品都不同。

再舉例，若紅綠燈的秒數不是由中央主機控制，而是由老人戴的智慧手環晶片，告訴紅綠燈設備說，「我是老人，綠燈秒數要長一點。」年輕人戴的智慧手環就不會發出訊號。感知科技，等於是讓工業互聯網有了眼睛、耳朵、嗅覺、味覺，與觸覺。

智能科技則是因為，以人來做決策太浪費時間，因此將大多數決策交由機器來做（DAMM，Decision Almost Made by Machines），這仰賴大數據與機器學習。過去，智能科技是由中心化的伺服器所完成，我們稱之為工業3.0的自動化；未來，許

多智能決策將會由去中心化的設備所完成。智能設備之間能夠互相直接溝通，就是工業4.0的概念，像是當感知科技設備偵測到火災，智能科技就會馬上發動救災判斷與行動，而智能判斷的邏輯都是靠分析大數據所建立的。

最後，工業互聯網必須要有回應科技。也就是當設備做了智能判斷之後，該如何回饋系統，或稱之為智慧控制、製程優化、與機器人服務等，以快速滿足商業互聯網裡消費者提出的需求。

問題是，目前台灣工業互聯網的建置，還停留在傳統製造業Cost down（省成本）的層面，著眼於省人力、提高良率的製程控制，優化線性供應鏈的效率，而不是為了與商業互聯網對接。管理學大師彼得聖吉（Peter Senge）所提出的「啤酒效應」遊戲，是探討線性供應鏈「長鞭效應」（Bulluhip Effect）的例證。

我曾經與一群來自台灣、新加坡、香港、中國的教授，在哈佛上課時玩過這個遊戲。遊戲規則是，當客戶向店家訂10箱啤酒時，店家為了節省運費，即刻滿足其他客戶的需要，通常會向經銷商訂15箱；當經銷商收到15箱的訂單之後，便會向工廠訂30箱，當工廠接到30箱的訂單之後，可能就生產50箱。

原本市場只需要10箱，為了安全存量以應付市場的不確定性，工廠卻生產出50箱啤酒來，導致整條供應鏈上多出許多不必要的存貨。當時由不同教授扮演著店家、經銷商、工廠等不同

的角色，希望能夠盡量降低存貨。不過，即使大家都知道這個理論，但在實際模擬時，還是囤積了許多存貨，所以概念是不夠的，實際上運作需要一個跨企業的系統來協調資訊才行，於是漸漸發展成供應鏈的協同商務（Collaborative Commerce）。

協同商務指的是，產業上中下游之間的關係，不只是在生產製造時才發生，而是在產品發展的整個生命週期就一起參與，並以CPFR（Collaborative Planning, Forecasting and Replenishment，協同規劃、預測與補給）進一步整合上中下游的供應鏈廠商。大家可以透過資訊共享，共同規劃和預測，對於市場不確定性高、需求難以預測的狀況特別有幫助。像是沃爾瑪採用的供應商管理庫存系統（VMI, Vendor Managed Inventory），供應商可在任何時間登入，檢查相關商品在沃爾瑪的銷售數量，以預做生產的準備，就能有效避免落入長鞭效應。

產業鏈的協同商務，通常需要一個強力的老大哥擔任Hub（樞紐）的角色，整合這些上下游的供應鏈廠商。Hub通常是供應鏈中的大買家，像是零售業的大品牌商沃爾瑪，或是資訊硬體業的大晶牌商惠普，只要老大哥一聲令下，供應鏈上的廠商都要乖乖開放資訊。

從線性供應鏈到網狀生態系

**工業時代
的鏈式分工體系**

**C2B時代
的網狀分工**

第三步，網狀的製造業生態系

但是，在C2B商業模式下，未來這種會下採購大單的老大哥逐漸消失，取而代之的會是更多的個人化小單。面臨不同的標準與配合流程，沒有老大哥的強力控制，台灣能否建立起跨企業、跨產業，但資訊可以共享的製造業生態系？

工業時代，B2C需要上下游產業群聚的實體工業園區，以滿足大買家一站購足的需求，線性供應鏈就像是一支編制完整的正規軍。然而，在C2B時代，沒有超級大單、只有芝麻小單；取代幾十位營收以億元或百億元計大客戶的，是數以萬計的新創或微

型客戶。**他們需要的是可以快速組合、有效回應消費者需求的游擊隊**，因此產業群聚與分工的概念，也會演變成一個網狀的、可自由組合的生態系。

例如，要開發一個IoT新產品，從外觀設計、安全測試、產能管理到庫存行銷，這中間牽涉到硬體（Hardware）、應用程式（APP）、智能雲（Cloud）之間的HAC整合，無論是硬體製造商、手機軟硬體商，或是雲平台商，任何單一產業的線性供應鏈都已無法滿足其需求，它需要的是跨產業的網狀分工。建置工業互聯網，是以工廠內部的運作來說，若是以產業發展的角度來看，它是基礎建設，就像是土壤一樣。如何讓各類物種（企業）在好土上，找到自己生長的方向，讓不同專長的物種互利互補，將是台灣製造業生態系中最重要的課題。

跨境電商的製造服務業

在新製造相關議題的第二次報導中，《商業周刊》走訪德國6個城市，探討工業4.0。他們在柏林街頭，看見汽車零組件龍頭博世（Bosch）跟Gogoro合作，3歐元（約合新台幣103元）即可租用30分鐘電動機車，如同台北的YouBike。博世還跟賓士合作，在車輛上裝上感應器，讓行駛中的車輛自動偵測路邊車位，

傳回雲端，若發現有車位，就通知需要車位的車主。找到車位後車主可下車，車子會自動停進停車格。這是博世成立130年以來，第一次跨入共享經濟。他們捨棄過去從製造商角度出發的思維，因為他們意識到，只在車間裡，埋頭專注百年技藝的工匠精神，提升生產效率，已不足以應對變局。

對德國製造業來說，工業4.0不只是升級，更是商業模式的翻轉，思考模式的顛覆。**當網路與數據已打通「生產—消費」中間的環節，消費者需求可以在第一時間傳遞，反過來要求製造商，所以德國製造業要縮短和消費端的距離，轉變為「製造服務業」。**製造服務業要做到的是，消費者只要把定製訊息，透過網路傳到工廠，工廠就會透過物聯網與大數據分析，自動排定生產過程，並利用彈性的自動化製造，生產出個人化商品。同時，消費者使用這些商品的紀錄，也會透過商品上的感測器回饋給製造商，製造商再藉由分析消費者使用後的回饋，把下一代商品做得更好，形成良性循環。

德國過去精良的製造經驗，只是協助自動化機器設定更為精準而已，更重要的是，當製造業開始朝製造服務化發展時，大家必須開始練習看一輛車，不只是一輛車，而是消費者移動的工具。如此，才會延伸出優步這樣的移動平台。而當建立起移動平台，還可以做外送餐點與快遞生意，汽車商未來做生意的方式不

會僅限於賣車一途。

探討新製造議題的第三次報導裡，《商業周刊》回到了台灣，找尋新製造的產業先鋒。和德國一樣，以中小企業為主的台灣，其專長的製造經驗，仍是可以延伸的豐厚籌碼，但是台灣升級工業4.0，除了在製程上更數位化、智慧化之外，業者仍未從製造、生產的框架中跳出來，貼近消費者。

過去我們做代工產業，是因為生產端的規模經濟而有效益，但C2B商業模式下，規模經濟不在生產端，而是在需求端，市場要夠大，才會有效益。有人開玩笑說，「寶島無限好，只是比較小。」台灣的市場不大，一個只有技術、只有知識，卻沒有市場的工業4.0是不會成功的。

所以，台灣製造業升級要把眼光放在全球市場上，不只是要做到「製造服務業」，更要成為全球跨境電商的「綜合供應商」，賺全世界的錢。哈佛教授李維特（Theodore Levitt）說過的行銷學至理名言：「顧客不是想買一個1/4英寸的鑽孔機，而是想要一個1/4英寸的鑽孔！」這句話揭示了製造業的本質應是以消費者為導向，而不是以生產為導向。

優步（Uber）、滴滴出行就是產品向服務轉型的代表。以往汽車是以「生產—銷售」的形式和消費者接觸，但今天，你需要「有車可用」，不一定要買車就可透過叫車平台享受到，這就是李

工業3.0與4.0的思維

現在：工業3.0	未來：工業4.0
1.食品公司做泡麵（口味、種類由生產公司決定）。 2.向原料商買原料。 3.工廠製作。 4.通路上架。 5.消費者選購。	1.消費者：我要咖哩味泡麵。 2.手機App發送資訊到食品廠。 3.食品廠、原料商（同時收到訂單）：原料廠備貨咖哩粉、麵粉等原料，送至食品廠。 4.工廠製作。 5.宅配到消費者家。 6.消費者手機點評泡麵。 7.製造商改進口味。
• 消費者被動選購商品 • 廠商可能陷入長鞭效應	• 便宜客製化成真。 • 廠商解決庫存問題 • 通路商有消失危機。

維特所說，顧客要的是鑽孔，而不是鑽孔機。

　　製造業的代表，汽車製造商如今已經意識到，它們的製造重點不再是一輛輛車體，而是汽車產品與服務的綜合供應商，也就是以汽車為載體開展的跨領域聯合研發，比如新能源汽車、智能聯網汽車，希望從一個傳統的製造業，轉型成為提供全方位產品

和服務的綜合供應商。

如《經濟學人》預測，在未來，「最成功的公司不再是做出最佳產品的公司，而是能夠收集數據並提供好的數位體驗的企業。」製造業和服務業不可能絕對劃分，無論是製造服務業，或說是服務型製造業，核心都是「製造」，但在C2B時代下的新製造，強調的不再是匠人精神，而是讓消費者自主設計、實時下單、實現個人化定製的服務精神。

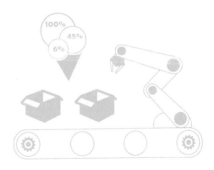

阿里巴巴也喊讚的 C2B 代表
尚品宅配 》中國客製生意王 》

小檔案

成立：2004 年

董事長：李連柱

成績單：2016 年營收 179 億元、淨利 11.3 億元

地位：首創量身客製化家具

　　一個賣家具的，為何會讓阿里巴巴集團參謀長曾鳴在《哈佛商業評論》中文版為文，直指其是客製化（C2B，顧客到企業）定製商業模式的中國代表，還被美國商業雜誌《快公司》（*Fast Company*）評選它為「2016 中國創新 50 強」？

　　定製家具就是台灣熟悉的系統家具，定做櫃類商品。論營收規模，尚品宅配僅是中國第三大。它傳奇之處在於團隊來自軟體業，卻僅用 13 年時間，將智慧製造跟新零售（O2O 線上與線下協同銷售）模式完美結合，創造新台幣 600 億元市值。

結合智慧製造、新零售翻轉產銷

　　它，是第一個把家具生意完全「顛倒」過來的企業。

我們走進廣州門市，設計師用電腦跟顧客討論設計後，顧客戴上虛擬實境眼鏡，立即看到未來家裡的裝潢，不滿意馬上調整，下單後，生產訊息傳到離廣州車程一小時的工廠。15天後，量身定製的家具送到家中，比過去做裝潢省去一半的時間。

過去，買家具方式只有兩條選擇。第一條路，買系統家具，只能靠工廠已經生產好的標準板材套件，拼出客戶要的櫃子，但可能造成尺寸不合，無法完全利用家裡的空間，更遑論賣場已經做好的現成品。第二條路，買完全定製的木作家具，優點是量身打造，但時間長，且價格比前者貴兩倍以上。但尚品卻開出第三條路，可照房間的格局尺寸量身定製，但價格僅介於兩者之間。

改變遊戲規則的創辦人李連柱原是華南理工大學講師，切入這場生意，源起於一場危機。他在1994年創立圓方軟件，專做裝潢設計軟體，原本在兩岸裝潢軟體市場市占率達7成以上，很快年營收做到新台幣兩億元。然而，設計市場很小，他的軟體營收很快就碰到天花板。

原本，他們為了開拓業務，做出家具板材軟體，可用軟體控制開料機，依據顧客家中尺寸量身打造家具，想推銷給工廠卻沒人埋單。尚品宅配副總經理李嘉聰回憶，工廠若要用尚品的軟體就得改變流程，當時家具業單子都接不完，根本沒人想變。

網上下訂，換設計如換衣

2004年，李連柱索性自己創立尚品宅配，由軟轉硬，跨入家具業。他踏進這個老戰場，就帶來顛覆！當時，系統家具業的遊戲規則是：顧客必須先交約新台幣一萬元訂金，才能請設計師畫設計圖，顧客根本還沒看到設計就得付錢。但，尚品團隊卻直接到搜房網站、房屋銷售處，蒐集15個城市共上萬筆房屋平面圖，以開窗、柱子、開門的位置及格局，計算出中國有100種客廳房型，70種臥室房型，建立「房型庫」，成立新居網。消費者只要上網找跟自家格局相仿的房型，就可以自由套換各種設計風格，換設計像是換衣服一樣方便，系統還會依據客戶家的方位，依風水建議家具擺設，提高客戶預約上門量尺的機會。

當客戶到了門市諮詢，就算最後沒成交，它首創免費奉送設計圖給客戶，因為是用軟體資料庫繪製，其實時間與人力成本不高。它還訴求全屋都可定製，除了櫃子外，從沙發到床，尚品也找其他廠商合作，讓消費者可以一次購足。

上述服務，只是新製造革命起點。當客戶在門市或網路下單後，訊息立即傳送到離廣州市區車程一小時的佛山五廠，一個約12個足球場大的工廠。我們走進佛山工廠。這裡，看不到木屑滿天飛舞，機器手臂正在搬運板材，工人掃描板材上的條碼，只看

到鑽孔機快速飛舞，完全自動化。這裡每日可接7千張訂單，每日生產50萬張板材，除了木板厚度無法調整外，長、寬、深度都可以隨客戶需求修改，目前，台灣同業仍是標準與客製板材混搭使用，標準板材占4成左右。

通常客製化越高，成本越高，但這個智慧工廠卻有本事做到大量生產，卻又讓價格實惠，如4坪大小的臥房，包含床架、梳妝台與櫃子等20套件組，僅需要新台幣8萬元搞定。它是如何做到？祕密，就藏在每一塊板材裡。原來，當客戶下單時，電腦也同時精算出最有效率的切割方式，把不同的訂單合併後，直接「指揮」切割機運作，這讓尚品的材料利用率由過去的85%提高到93%，減少浪費加上自動化效益，尚品宅配的毛利率比同業高12個百分點。一個做家具的，卻養了600個軟體工程師和研發人員，位居家具業之冠。

然而，擁有資訊能力，絕非尚品今日會被稱為C2B典範的全部答案。它能做「新製造」的背後，也是因為它做了「新管理」！設計師的方案要能立即傳送到機器，這需要其設計的規格是在「資料庫」的範圍中，這等於剝奪設計師天馬行空的創意。這，正是台灣同業沒法做到完全客製的原因。

設計資料平台＋遊戲積分制

尚品一年生產95萬件家具，有一萬個設計師服務。它是如何讓這麼大量的設計師接受它的遊戲規則？

設計師只需從設計學院畢業，用21天訓練就可上線服務，背後最大資源是：尚品累積上萬件設計作品平台。設計師，只要善用關鍵字，如住戶人數、年齡、窗戶數就可以搜到參考設計，就像是設計圖的Google一樣，尚品利用資料庫，縮短設計師的學習曲線，同時這些使用過的設計圖，也降低設計師天馬行空想法，減少工廠沒法接單的可能性。

透過這個平台，只要設計師願意把設計圖上傳，就可以獲得積分，若想用他人的設計圖，則必須拿積分交換，積分可以兌換商品，如最新iPhone手機，或者陪長輩去國外旅遊的經費等。

尚品還以設計、業務能力以及樂於分享等指標，把設計師分為十段，每個段位都有命名，如，新手是鋼鐵英雄，最高段為戰神，越高段越會受到同事的敬重。這些制度都是參考手機遊戲，遊戲的黏著度高，是因為玩家累積經驗值，離開就前功盡棄，一旦離職，過去的積分跟累積的層級就沒意義了。尚品每年營收都成長5成以上，要留住設計師人才，「積分制」就是其降低離職率的祕方。

收集500萬家庭大數據

　　從服務、製造到人才養成，要做新客製生意，每個環節需要環環相扣。尚品也因此付出了代價，如相對於同業9成業績依賴加盟店，尚品偏向做直營門市。來自直營的業績占營收一半，因此經營成本高於同業，淨利率也比同業低7.8個百分點，但李連柱認為，若沒透過直營，就沒法了解顧客需求，設計好產品。

　　緊握消費者，後續可能才能展開來。現在，當尚品掌握500萬家庭的大數據資訊後，它成立生活模式研究中心，依照人的生命週期去細分出：二人世界、學業有成、子孫滿堂等族群，並抓住每個週期對家具需求的細緻變化。如夫妻兩人只需要吊掛多的衣櫃，而有了新生兒，則需要小格子多一點的衣櫃放新生兒衣服。上述細節，都是資產。現在的尚品甚至擁有千萬粉絲，透過對這些粉絲的標籤定位：如對「廚房商品」感興趣，精準媒介專長的設計師，推薦最多人喜歡的設計樣本，提高成交率。

　　從「新零售」到「新製造」與「新管理」。尚品每做一次的顛覆，都不被同業看好，卻總能引領風潮。我們問李連柱為何能成為先鋒？他回答：人的觀念跟不上，用再先進的工具也沒用，要成為破局者，人，就得打敗拒絕改變的心魔。

本文出自《商業周刊》1542期

家電創客最先進的基地
海爾 》連冰箱都能個人定製

小檔案

成立：1984 年
首席執行長：張瑞敏
成績單：2016 年營收 8,995 億元、淨利 905 億元
地位：全球大型家電第一品牌

你想過有一天，家裡的冷氣、冰箱、乾衣機都是自己設計出來的嗎？在中國，客製化家電已經成真，海爾則是市場的先行者。過去，家電商的營運方式是由企業設計產品，再賣給用戶；現在，海爾則讓用戶決定海爾該生產什麼；它先用網站（眾創匯平台）收集用戶需求，再由互聯工廠做出產品。

海爾家電產業集團副總裁陳錄城說，傳統的模式，做產品都是在做庫存，不一定賣得出去，現在是為用戶生產，每一台做出來都知道要賣給誰。

全球家電龍頭，革自己的命

目前海爾已建立冰箱、空調、洗衣機等 8 座互聯工廠，工廠

數約占全球工廠的7％；取名互聯工廠，意味著海爾想把用戶跟工廠連結起來，透過大規模客製化生產，滿足用戶需求。坐穩全球大型家電的第一品牌，海爾為何要革自己的命，把商業模式「倒」過來？答案就是危機感。翻開海爾上市財報，可以看出海爾集團首席執行長張瑞敏的憂慮，其家電營收雖超過新台幣8千億元，但淨利率始終在5％左右，若是無法提高附加價值，恐步上日本東芝、索尼的後塵。

更可怕的是，風起雲湧的平台企業正在侵蝕家電市場，像是愛奇藝與小米紛紛跨入電器行業，此外，分享經濟的盛行，也讓海爾如坐針氈。海爾商用空調製造總監趙立國說：「你怎麼知道，未來還需要冰箱、洗衣機？」他進一步解釋，像是分享單車，一夜之間「占領」青島，中國平台企業的快速興起，若未來出現分享冰箱、分享洗衣機，何必要買家電？

於是，他們導入了定製生產的革命。定製家電，一來可提高售價，如母嬰社群專用的乾衣機，價格比同業高出15％；二為把家電當成上網工具，連結生態圈，提供顧客整體解決方案，還可以賺到服務的錢。現在，你可以透過iPad購買海爾智能冰箱，選擇自己喜歡的顏色、尺寸、材質，還可以印上名字。海爾想賣的不只是冰箱，而是圍繞冰箱形成的生態系；智能冰箱就像是個大管家，結合了愛奇藝、蘇寧易購，可以推薦食譜、追劇，它還

連結美食網，用戶可購買產地直送的水果。此外，海爾還從137萬冰箱用戶的使用行為，找到用戶的煩惱加以改進，如，透過App可以在下班前調節冰箱溫度，先解凍晚餐要用的肉品。

在青島，《商業周刊》獨家進入海爾最先進的第8座智慧工廠。在占地約12個足球場大的工廠，我們最先看到的，不是機器手臂，而是一個各項數字不斷跳動著的大螢幕；全中國使用海爾中央空調的飯店和大樓的耗電量、設備穩定度等數據，即時傳輸到這裡。可以偵測空調異狀，海爾可提前派人維修，避免停機造成客戶損失，客戶也能輕易算出空調節省的電費。

再往工廠走，自動化設備上裝著上萬個感測器，幾千項數據不斷回傳到監控室，若產線發生異常，監控人員立即可處理。「用戶為王」，貫穿智慧工廠的主軸。在這棟互聯工廠裡，用戶可以參與空調設計與製造，上網即可知道生產進度，透過攝影機看到製造過程。產線上，組裝不同型號的空調，電腦螢幕上，每一個產品都附有顧客檔案，系統會依據員工的生產品質、不良率與用戶滿意等給予排名，這個排名連結個人績效。8條產線，僅用了300位員工，比過去整整少了4成。

設計、製造，用戶都參與

在這個模式下，海爾的中央空調產品雖較同業貴5成，但是因為可以提供客戶預警維修、監控異常與省電服務，讓它的銷售量3年成長4倍，成為中國成長最快的品牌。大規模的定製，最難的就是拿捏成本與數量，客製化的程度越高，成本越高。海爾透過社群經營，解決這個難題。

以海爾的定製平台「眾創匯」為中心，當用戶提出點子的按讚數、討論量達到一定規模後，平台會衡量現有產能與成本，決定是否承接；再由設計師提案，交由用戶票選；得票數最高提案，由電腦模擬產品後，再請教用戶意見；之後做出樣機，抽選用戶試用，聽取回饋，改造產品。當產品定型後，再釋出早鳥價，邀請用戶下單，訂金3成，累積到足夠下單量後，用戶支付尾款，海爾就下單請工廠生產。

這種客製化生產的優勢在效率。過去家電產品開發期長達一年，現在靠著集結用戶、外部供應商的平台力量，4到6個月就可以開發出一款商品，研發時間至少縮短50%以上。海爾定製平台總經理王曉虎說，今年海爾的新機種幾乎都是用這種方式誕生，約占全體產品的10%。

這套客製化模式，也改變了海爾看待員工績效、選擇供應商的標準。海爾將員工稱為創客，並將設計師、供應商、工廠分級，根據滿意度、產品品質、成本等不同指標，等級最高者，在平台上可優先選案。對員工的績效評等方式也翻新。張瑞敏曾說：「現在海爾的損益表變了，過去看掙多少錢，現在看創造多少用戶。」海爾的會議室裡，都貼了張「共贏增值表」，這是海爾的新損益表，不再單純用淨利去看經營成績，還要再加上顧客價值，如用戶資源（包括活躍用戶數、回購率）、場景收入（因解決客戶困擾所得的收入）、生態收入（跟社群合作的收入）等項目。個人績效算法也因此而改寫。

貼近用戶需求，讓海爾近5年的淨利成長了88%，效果逐漸顯現。但這條路並不好走。海爾走的平台模式，創造的銷售額多半被生態圈的合作方拿走，平台則靠收取服務費用獲利，因此營業額小、毛利率高，跟對手美的靠代工的規模成長模式不同。所以海爾近來切入成長最快的智能家電市場，以求成長。

「我們不是在做一個工廠，我們是在經營一個生態圈，」趙立國強調。提高附加價值的策略之路，比起降成本之路難了許多，海爾用這12年來的自我顛覆，證明它是個勇敢的先行者，要建起一個別人無法模仿的家電生態體系。

本文出自《商業周刊》1542期

海爾新舊生產模式比較

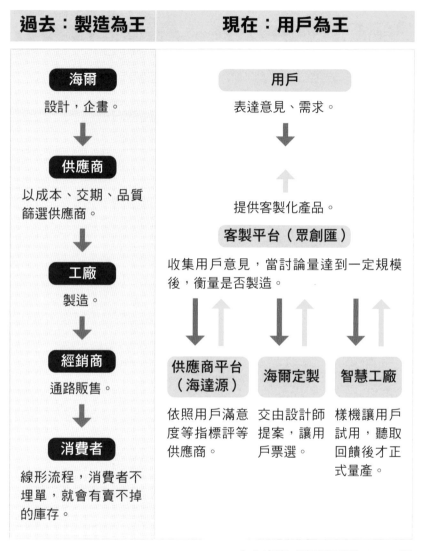

過去：製造為王

海爾

設計，企畫。

↓

供應商

以成本、交期、品質篩選供應商。

↓

工廠

製造。

↓

經銷商

通路販售。

↓

消費者

線形流程，消費者不埋單，就會有賣不掉的庫存。

現在：用戶為王

用戶

表達意見、需求。

↓

↑

提供客製化產品。

客製平台（眾創匯）

收集用戶意見，當討論量達到一定規模後，衡量是否製造。

供應商平台（海達源）

依照用戶滿意度等指標評等供應商。

海爾定製

交由設計師提案，讓用戶票選。

智慧工廠

樣機讓用戶試用，聽取回饋後才正式量產。

本文出自《商業周刊》1542期

藏在 40 號智慧工廠的祕密
賓士 》 重返豪華車霸主

小檔案

成立：1926 年

供應鏈管理最高主管：馬可仕‧薛佛（Markus Schäfer）

成績單：2016 年締造 2,083,888 輛的空前銷售成績

地位：2016 年重新稱霸全球豪華車市

　　「如果看到星星，就是斯圖加特（Stuttgart）到了，」德國斯圖加特的當地人都會這麼介紹。因為這座德國最有錢城市之一，其市中心的火車站屋頂，就緩緩的轉動著賓士的三芒星標誌。這顆星星的光芒曾一度黯淡。2005 年，長期雄踞全球豪華車銷售冠軍的賓士，輸給了總部同樣在德國南部的 BMW，2011年甚至再被奧迪（Audi）追過，落居第三。但事隔 12 年，賓士於 2016 年又重新稱霸全球豪華車市。

棄全自動，36 款車全客製

　　1970 年代，賓士以 3 款車型就能迎合多數客戶需求，但現已有 36 個車款，預計未來將超過 40 款。賓士全球生產與

供應鏈管理最高指揮官，也是賓士董事會成員薛佛（Markus Schäfer），在斯圖加特的總部接受《商業周刊》獨家專訪時提到，支援賓士成長的關鍵，就是工業4.0新製造。

薛佛說，「對戴姆勒集團來說，毫無疑問的，數位革命將根本改變我們的產業。」當你我都還以為新製造只是趨勢時，汽車品牌賓士（Benz）的分享將讓我們看到，它已經能翻轉戰局，重新定義市場排名！為了深究賓士12年復仇成功的祕密，我們沿著萊茵河支流又開了半小時車，來到有百年歷史，賓士全球最大、年產能超過31萬輛的辛德芬根（Sindelfingen）工廠。

2014年，薛佛幫賓士打造了一座智慧工廠「TecFactory」，就藏在辛德芬根工廠，工廠編號40。這裡，就是賓士找尋未來生產方式的祕密基地。一進入工廠，有別於一般汽車廠的流水線，這裡只看得到幾個小型的工作站。「先進的技術我們都會先在這裡研發、測試，就像嬰兒在這裡出生，等到會走路，就會導入到全球工廠的生產線上，」TecFactory裡的工程師說。

第一站，我們看到賓士正在測試的「人機協作（Human-Robot Cooperation）」。賓士1971年就開始在生產線上大量使用機器人，我們在S-Class的車體工廠裡看到，大型、超過兩個人高的大型橘色機器手臂，繁忙的來回轉動，把銀色尚未噴塗的車體舉起旋轉、移到另一區，繼續焊接及鎖上螺絲的動作。因為

怕傷到人，它們就像動物園裡的動物，全被圍在柵欄裡。

　　和外界的想像不同，對賓士來說，為了對應客製化需求，「生產線需要更多彈性，我們正在嘗試讓人在生產線上，占有更重要的位置，來取代過去大量自動化生產，」薛佛說。回到TecFactory，工程師要我們摸摸一台和人的手臂差不多大小，但能輕易搬起超過50公斤重物的機器手臂，只要人的手一碰到機器，正在搬運金屬齒輪的手臂，就立刻停下動作。在一旁操作的人，可以隨時介入，而不用停止整條產線。

　　以賓士高階車型S-Class為例，現在你可以在門市或網路上，打造自己的夢幻車，從選擇汽、柴油引擎開始，到車燈套件、後座娛樂套件，甚至是車內香氛，再到輪圈、座椅顏色，是否需要電動車窗等，共有約40個套件、配件讓你逐一勾選。當你送出你的清單，賓士就會找到離你最近的經銷商和你聯絡。因為車系快速增加、產品高度客製化，現在賓士生產線上流經的每一輛車，都配備不同零組件，機器無法做到如此彈性的生產組裝。人機協作的優勢是，可以一方面由人來控制機器搬重物，或調整機器角度。同時，生產線上的人再按照螢幕上的指示，靈活裝配客製化零件。

用AR模擬最高效組裝

走到第二站，工程師Jörg-Christof Schmelzer全身布滿感測器，他正在進行AR（擴增實境）以及虛擬裝配的測試。你可想像成遊戲機Wii或Xbox一樣，他做的動作，螢幕裡的人物也會做出一樣動作。因為車種變多，車裡的零件和設計都不同，賓士就在這裡，透過數位的模擬，精準的找出每一個車款最有效率、符合人體工學的汽車零配件組裝順序及方式。

其實，賓士的競爭對手BMW跟奧迪也都有導入工業4.0。今日賓士能重返第一，關鍵在於，它在這場戰爭當中，跑得早，步伐也跨得夠大。2008年起，全球車市都因金融海嘯而大幅衰退的期間，賓士宣布逆勢投資興建匈牙利新廠，當時曾經被分析師稱此舉為豪賭。工廠於2012年開始量產B-Class，是賓士在歐洲，除了德國之外的第一個汽車組裝廠，這個人工成本僅德國四分之一的工廠，是賓士重返第一計畫裡的關鍵投資。

賓士在全球快速擴張工廠，而它透過把這29座工廠內的設備連線，讓管理不至於失序，一面可以把產品線展開來，一面還可以就當地需求即時供貨，滿足消費者需求。未來，當顧客下單後，這筆訂單所需要的零件，以及接下來在哪裡生產，都將由系統自動計算出來。

客製化，非變不可的理由

新製造可讓一個品牌，能即時供貨，又能給客戶最多產品選擇。站在制高點的賓士，還看到什麼非變不可的理由？我們擷取與薛佛的重點對話，提供思考。

《商業周刊》問（以下簡稱問）：賓士為何導入工業4.0，遇到什麼困境？

薛佛答（以下簡稱答）：賓士在全球已有29座工廠，其中很多是近幾年才完成的，目的是要以在地生產，來支持全球銷售量成長的目標。第二，賓士有約1千5百個供應商，隨著產量及車型增加，我們每天要處理世界各地供應鏈運來的4千6百萬件零組件，複雜度和變動性都在增加，供應商也面對很大的挑戰。

另外，有些地區、國家的勞工工資或其他商品成本提高，我們面臨了一些利潤壓力。為了解決這問題，我們必須靠提高效率，來保持獲利。更重要的就是客製化，我們必須滿足客戶，盡量為他們量身打造他們要的車，這是我們要面對的新挑戰。

問：能不能談談供應鏈的改變？

答：供應鏈的狀況必須很透明。過去，我們只知道（供應商送零件來的）卡車在哪，但現在我們根據即時的天氣及交通狀況，資料庫會計算車子什麼時候會到，更知道車子裡數百個零件

的品質如何。如果預先算出車子會趕不上我們的生產，因已導入混線的彈性生產，我們就可提早應變。同時，我們也要非常小心挑選、訓練他們（供應商）成為合格的供應鏈。

問：在打造智慧工廠的過程中，賓士並非大量採用自動化，而是在嘗試以人替代機器？

答：目前我們利用彈性生產系統（Agile Production System），也許只要一個週末，工廠生產線便可改變。我們需要人的智慧及彈性，也需要機器做重複式及勞力性的工作，兩者相輔相成。製造一輛S-Class，可以有百萬種的組合方式去製造，你可以花5年時間，研發一台機器來做這件事情，但這過程可能有些製造的技術一直在更新，你完成的機器，也許已經過時了。機器無法很快配合每天要面對的快速改變，例如消費者的需求。我們現在製造引擎車、混合動力車，也許很快要改成製造電動車，而且車內還要加裝很多雷達、感測器等。這些變化都相當迅速，如果針對這些東西，專門設計一套機器，會花很多時間。

最彈性的方式，就是人機互相協作，因世界上最有彈性的還是人。例如，在最先進的智慧工廠裡，兩人高的機器手臂，沒被關在柵欄裡，而是和工程師一起合作，協力將重達百公斤的電池安裝到混合動力車裡，所以一條產線，才能同時製造5種車系的車。

本文出自《商業周刊》1542期

這是一場人性革命，不是機器革命
博世 》全球最聰明 50 大企業

小檔案
成立：1886 年
執行長：鄧納爾（Dr. Volkmar Denner）
成績單：2015 年營收約新台幣 2.4 兆元，稅後淨利約 1,207 億元
地位：全球汽車零組件龍頭

《商業周刊》採訪小組驅車前往德國國境之南的布萊夏（Blaichach），這裡處於列支敦斯登與德國交界，整個城鎮人口不過 5 千 6 百人，卻藏著全球最大汽車零組件廠博世（Bosch）的工業 4.0 工廠，其最重要的產品：煞車防鎖死系統（ABS）也在此生產。

窗外，布萊夏高低起伏的小山丘，不時可見牛羊低頭吃草；窗內，博世工廠內上百台機械不停運作。這裡與全球 11 座工廠連線，5,174 台設備全部聯網，帶我們參觀的博世資訊部門負責人寇列克（Arnd Kolleck）拿起平板電腦隨手一點，就看到日本工廠每一台機器的生產狀況。這些機器以毫秒為單位將生產數據回饋到中央系統，廠區裡沒有一張紙，只高掛著超薄液晶螢幕。螢幕上顯示每台機器的耗電量、排氣量，寇列克自豪的說：「一

按鍵，我就可以知道每一件產品的單位成本。」他指著遠處一條線，過去要7、8個人負責每天生產6千8百個零組件，現在只需要兩個人。

我們彷彿進入了一個全自動化世界。每天，廠區會產生2萬5千筆數據，博世副總裁赫勒巴赫（Rupert Hoellbacher）比劃著，印出來都有一個人高了。但是現在，他每日只看20頁報告，由電腦精選最重要的數據如稼動率、能源消耗量，就能掌握全局。我們到員工餐廳用餐，卻沒人收錢，因為盤子裡有射頻識別裝置（RFID），用機器一掃就知道餐費。餐盤放到輸送帶上，會直接送到廚房清洗；庭院裡，自動除草機會依照電腦設定，自動修出博世標誌。

亞洲對手搶走客戶，開始拚聯網

博世在眾多德國工廠中，朝工業4.0的轉型比別人快，關鍵，來自一張4年前痛失的訂單。赫勒巴赫回憶，「2012年我們失去兩個大客戶，亞洲的競爭者居然可以做出比我們更便宜的產品！」那場失誤，讓博世痛下決心看清自己到底哪裡輸人。赫勒巴赫攤出博世員工的工作時間與機器使用時間，逐一比對計算，才發現廠區的總體設備使用效率（OEE）僅有84％，比想像中

差。赫勒巴赫坦承,「過去我們自我感覺良好。」以為設備效率有95％,但這是扣掉休息、維修機器、培訓時間的虛假數字。

原來自己根本沒想像中厲害!一開始,自豪的德國員工非常不能接受事實,但是赫勒巴赫卻要他們換個想法:唯有了解自己的處境,才能設定前進目標。「若不想被亞洲公司打敗,就得進行劇烈的轉型。」

低潮,反而讓博世義無反顧改變。博世布萊夏廠率先讓設備連上網路,藉由擷取資訊,改善生產效率。赫勒巴赫記得,2012年僅有6成的設備聯網,花了4年,就一舉提升到98％。一路轉型的過程中,赫勒巴赫最深刻的體悟是:「人」才是工業4.0核心,而非機器。他遇到的兩大挑戰都來自人,比如,要讓軟體、硬體工程師攜手合作。德國研究機構Bitkom工業聯網研究學者杜雷特(Wolfgang Dorst)說,導入工業4.0時需要機械、電子與軟體等不同背景的人才攜手合作,企業最頭痛的問題是,誰也不服誰。

轉型關鍵在「人」,而非機器!

德國崇尚扎實的技職教育,訓練出底子深厚的專才,弱點就是難以彼此合作,每個人都覺得自己是專家。偏偏,最聰明的專

家，自我的防禦堡壘，反而築得最高。博世只好設計出以13週為一個單位的專案，以任務為編制，把不同背景的人馬放在一個單位，共同解決一個問題。此外，在硬體與軟體人才間安插一位設備程式員，這種人懂得設備與軟體的能耐，作為兩者間的橋樑，越多溝通摩擦，才能磨出共同語言。

另一個考驗，來自員工的能力升級。當電腦取代多數工作時，員工必須從執行者變成決定者。「賦權」是工業4.0重要精神，當科技讓企業能即時看到數據，若現場人員沒法立即下判斷排除問題，也是枉然。中國區總裁賀柏睿（Patrick Leinenbach）指出，博世在五年前成立學院，任何員工都可以依照自己能力找到適合課程，甚至有技術人員轉為工程師的案例。為了解決賦權伴隨而來的風險，在生產系統設計時，已經把風險計算進去。賀柏睿以駕駛飛機為例，每套飛航系統在駕駛做出異常的判斷時，都會有自動提醒與修正功能，他坦承並非萬無一失，但這可以透過學習，降低風險。

赫勒巴赫說，一開始員工難免有抗拒，但漸漸發現，這些軟體都是在協助他工作更順利，過去設備若半夜壞掉，負責的工程師會從睡夢中被叫醒，跑到工廠來維修。現在，大家可以藉由異常的生產數據，搶先維修快出問題的機器，降低救火機率。

解決問題比極致研究重要！

　　轉變中，主事者對人心的變化，必須掌握得細膩。布萊夏是工業4.0的示範廠，每位員工的制服上還會繡上特有的廠徽，認為該廠是博世的驕傲。赫勒巴赫善用此點，用競爭刺激員工加速改變。當資訊通透後，每一條產線都可以即時知道產能利用率。2016年開始，他們讓全球11座生產ABS的廠區連線，以生產效率為指標，每天即時排名，大家為了搶第一，無不努力從數據中找出提升效率的方法。

　　過去，德國廠自認最厲害，現在為了搶第一名，員工開始願意學習其他工廠的優點。赫勒巴赫指出，德國人做事一板一眼、速度慢、準備齊全才動手，但中國廠同事只要有想法就動手去試，反能快速解決問題。每年，每個廠區都會派出兩名高手，如同博世的武林大會，互相討論過招，借鏡成功經驗。有了學習動力後，赫勒巴赫就請新創與遊戲公司到公司內演講，不談技術，只談如何在短時間有效率的完成產品，因為新創公司若沒法用少數資源開發產品，很快就會倒閉。

　　過去，博世開發任何軟體與產品都不假他人之手，從零開始，這種態度深植於德國的工匠精神，每件事都要做到極致才會罷手。赫勒巴赫說，這樣的開發速度實在太慢，現在，員工們也

逐漸習慣不從零開始，而是先去找外部資源，每個專案限時在兩週完成。未來，赫勒巴赫還打算把數百人的組織架構拆散，每個小組不超過15人，以提升決策的彈性與活力。

布萊夏廠自2012年導入工業4.0後，現在每年的生產效率提升兩成。這套系統還可以外賣，博世預估，光是賣出工業4.0方案（設備聯網裝置、維修預測軟體等方案），可以在2020年多創造出11億2千萬美元的營業額。博世還因此被麻省理工學院《科技評論》雜誌票選為全球最聰明的50大企業之一。

這一切，只源自於他們在低潮時沒有放棄，反而是善用低潮期彎腰找缺點，再推動改變。當人心願意變了，事，就成了。

本文出自《商業周刊》1517期

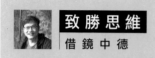

把消費者能力納入價值鏈

傳統的波特價值鏈（Michael Porter's Value Chain），是從設計、製造、銷售到服務，消費者不在裡面。過去，企業認為消費者是企業的局外人，但其實他們忘掉一件事情，很多消費者的知識比企業內部工程師還來得高。

台灣有一家做遙控飛機的雷虎科技，有次接到消費者回函，建議遙控飛機的引擎該如何改進，工程師與消費者聯繫後發現，這名消費者原來是美國波音的引擎工程師，雷虎聘不起這麼高端的工程師，但這位工程師卻是「不求名、不求利、只求爽」的幫助雷虎的飛機做得更好。還有一個例子是BMW，有位消費者反映，新款車很好，就是頭燈不太適合，他還把頭燈重新畫了一下。後來發現，回函的那位消費者，竟是紐約非常有名的設計師。

當玩遙控飛機的消費者，比生產者還懂引擎；開車子的消費者，比生產者更懂設計，消費者能力更應該納入價值鏈中。海爾、尚品，甚至是賓士，都開始讓消費者參與、定義他要的產品規格，企業來配合製造。當企業學著易位思考、主權釋放，才能從製造與代工的框架中跳出來，對未來發展有更多的想像。

不被自己的成功綁架
偉創力 》 手機大廠做 Nike 球鞋

小檔案
成立：1969 年
執行長：麥納馬拉（Mike McNamara）
成績單：2016 年營收約 244 億美元，稅後淨利約 4.4 億美元
地位：全球第二大 EMS 廠

10 年前，鞋業製造商絕對想不到做手機代工的偉創力，會是競爭對手，但現在它卻是 Nike 革新製鞋流程的親密夥伴。偉創力，曾是戴爾與摩托羅拉的代工廠。一度，它是全球最大的電子專業代工廠，卻因鴻海崛起而敗陣，2009 年，偉創力大虧 61 億美元，創下成立以來最大虧損。一場輸家經驗，卻讓其成為 Nike 改革鞋子製造的最好夥伴，《商業周刊》團隊走進偉創力位於中國，也是全球最大生產基地，看見其轉型祕密。

訂單送人，逼自己打掉重練

過往，中國代工廠最常見的景象是：流水線上，成千上萬的人潮。現在，偉創力的蘇州廠卻是另一番風景：兩、三位作業員

在組裝半導體測試機台，一台台小車沿著地上的白線行走，遇到行人還會自動停下來，它們正在把零件送到自動化生產線，準備生產。整個工廠需要的人數，不過2千8百人，較過去少一半以上。過往，偉創力蘇州廠靠七大手機客戶生存，談的是大量經濟規模的競爭力。現在，這個廠有60個客戶，來自醫療、航太跟半導體產業，生產超過3千6百種產品，從以前兩天換線一次，到現在每天工廠生產線要換線18次。換線速度從兩小時到僅需要8分鐘，15倍的效率，這個奇蹟，發生在10年之內。關鍵，就在於其大膽捨棄過去的成功方程式。

偉創力蘇州廠總經理楊建元回憶，2005年蘇州廠有8成營收來自手機，每年量都在成長，但是營業利益率卻由2%壓縮到1%，越做越虧。當年，正是鴻海大幅擴張手機版圖，吃下奇美通訊，購併摩托羅拉墨西哥廠之時，前者鯨吞蠶食手機訂單，讓偉創力痛下決心另闢戰場。他回憶當時，仍記憶猶新，「坐在大會議室，我跟我團隊說，要這樣下去明年OP（營業利益率）就是0%，然後就虧損。」他說，每個人都喜歡做量大的產品，手機兩天換一次線就好，沒人想做天天換線，發展少量多樣產品的事，「人都很懶，你工作量會變大、變麻煩。」這只是偉創力全部100個工廠的轉型縮影。

但當時，偉創力的執行長麥克（Mike McNamara）已決

心朝擴張工業產品如半導體設備，與醫療等高毛利的產品代工發展。楊建元把手上26個手機客戶，轉介給其他代工廠，以此宣示：絕不走回頭路。這個決定，讓該廠8成營收消失，兩成的主管選擇離開。除了把原有訂單送給敵人，在過程中如2014年，偉創力還投入5億美元到研發、設計與自動化部門，這筆錢，比當年賺的錢還多（當年獲利約3億6千萬美元）。

花六年，打造自動化管理系統

這不是條簡單的路。從追求經濟規模到彈性生產，如果零件庫存管理能力跟不上，也將是場大災難。蘇州二廠的總經理汪明說，過去，手機零件不過3千種，但是現在廠區要管理的零件比手機廠多15倍，4萬多種的零件，只要有一個零件缺貨，就沒法生產。它們花了近6年時間重新建系統，讓全球100個工廠即時連線，同時連線到供應商，若有哪一項零件低於庫存，電腦會自動預警並下單給供應商，並從鄰近廠區調貨。

打掉重練的魄力，加上原有的高科技底子，讓Nike選上偉創力。從運動手環開始，兩個原無交集的廠商，成為最佳夥伴。偉創力回溯摸索進入球鞋領域的過程：一開始，它們就如新手，先買進50雙不同鞋款，用6個月時間拆解研究後發現：過去，一

雙鞋子，需要幾十種工具切割鞋面面料。而且，鞋子尺寸不同，面料大小也會隨之改變，因此只能在大批生產同尺寸鞋款後，才能換線生產不同款的鞋子。

找到科技業常使用的雷射切割技術，不須工具，就可彈性切割不同的尺寸的鞋面，換句話說，其可以一分鐘前生產一批鞋子，然後很快換下一款。Nike營運長史巴克（Eric Sprunk）提到，「雷射造成布料有焦痕的問題，困擾我們這產業20年，但是偉創力花了6個月就解決了。」現在，偉創力越做越有信心，2016年巴西里約奧運，美國隊出場時穿的發光衣時尚品牌Fossil的智慧手表，都是由偉創力生產。

有意思的是，之前，偉創力敗給鴻海，是因為其全球有100個工廠分布在30個國家，總和分攤下來，其成本永遠高於工廠集中坐落在中國的鴻海。但現在，偉創力以原有的高科技底子轉往新領域，當其善用機器人取代人力，不被低價勞力綁架後，其100個工廠，更能發揮其「在地生產，在地製造」的彈性優勢，可以更快滿足消費者，這讓時尚品牌更為埋單。

今日的險峻，是災難，但也可能是祝福。只要你有足夠的決心去轉移戰場，機會就永遠都在。這，是偉創力告訴我們最重要的事。

本文出自《商業周刊》1509期

彈性生產／創新案例 15

從骨子裡翻新的老企業
聯華食品 》一顆可樂果的抉擇

小檔案
成立：1951 年
董事長：李開源
成績單：過去 7 年營收成長 47%，淨利成長 55%
地位：休閒食品大廠、食品業海苔王

　　戰爭，其實正發生在你我常經過的便利商店貨架上。貨架上，歷史近80年的樂事洋芋片，透過智慧製造，口味可多達十多種，不斷推陳出新，幾乎包下快要三分之二的貨架。消費者，多是愛嘗鮮的20多歲族群。

　　可樂果，一個46歲的品牌，客戶的年齡層卻在40歲上下，被大家歸類為懷舊零食。當可樂果碰上洋芋片，眼見對手節節進逼，零食產業變成了快時尚產業，如果再不變，「我們真的是老品牌，老一輩在吃的品牌，」聯華食品林口廠廠長江志強說。

　　然而，可樂果要變，就要戒掉過去大量生產後再銷售的習慣，改為向賣衣服的品牌Zara學習：從消費者的反應，回推今天該生產哪種口味的可樂果。只是，它該如何知道，哪種口味會被消費者埋單，當口味越做越多，庫存風險會不會越來越大？而

如果真的要變，它必須從銷售預測、行銷方法、工廠產線到員工腦袋全都改，老店禁得起一場從骨子裡都要翻新的變革嗎？但若不變，它就要付出被淘汰的代價。 為了生存，可樂果終於勇敢的做出了決定。

以前筊杯估銷量，現在大數據生產

「拍謝（台語：抱歉），我們董仔念舊，不想搬走，只好讓你們多走點路。」聯華食品林口廠廠長江志強説。走進聯華食品林口工廠，磨損的墨綠色地板，低矮天花板，我們穿梭在不同樓層，像是走迷宮一樣。直到路的盡頭，才豁然開朗，我們看到了可樂果的生產線。眼前，4條產線一字排開，像是大炮一樣長長的輸送管，不斷吐出一顆顆可樂果，牆上看板提醒半小時後，產線該換成起司口味的可樂果；另一個廠區，視覺定位系統正在掃描每一片海苔有沒有破損，製造科科長手上的PDA正傳送過來下一批堅果混合比例。以前3天換一次線，現在，一天換掉2次產線已經是家常便飯。

江志強説，現在工廠要生產什麼，都根據消費者的行為決定。當你在便利店買一包可樂果，銷售數據會立即回傳到聯華林口工廠，電腦計算當天通路銷售數字、原物料供應、庫存狀

況與促銷活動等十多種變數，計算出4天後最適合生產排程。在2000年時，可樂果有3種口味，現在，已經有11種口味。

改變，緣起於危機。2000年後，國際大廠挾帶大量廣告資源湧進台灣，當可樂果遇上洋芋片的競爭，當時聯華食品董事長李開源驚覺，可樂果的消費者多是30歲以上逐漸老化族群。然而，公司卻像台灣諸多老企業的縮影，平常預估銷售量，常常就是「笑杯」或者「照抄」去年銷售量再加上10%，非常脫節。

聯華曾選擇一條沒這麼難的路：直接做多種口味商品，從一種口味，擴增到11種，包裝從40克隨手包，到400克野餐包一應俱全，品項一下子由100多種擴張到500種以上，但最後卻慘烈收場，如其3年前推出，甜口味迷你可樂果跟符合健康概念的可樂果light，根本不受歡迎，不僅庫存暴增，投資上百萬元的迷你可樂果產線就此報廢。

倒過來生產，主導權交給消費者

最終，聯華痛下決心貫徹「倒」過來的生產過程，把主導權交給消費者，讓後者決定工廠該生產什麼口味。這代表的是，它們必須說服全家、統一便利商店與家樂福等大賣場給銷售數字。此外，從物料庫存、保鮮期到產線稼動率全部都要數位化，廠長

才有即時資訊調配產能。過去，這是生產都靠紙筆記錄的老廠，現在，它開始用電腦算出4天後的銷售需求，還用大數據去優化生產流程。每週，他們還要在「大船會」檢討轉型表現，會取名大船會，意思就是期許：大船也會轉彎。

咬牙做下去的結果是：過去7年聯華營收成長47％，淨利成長55％，高於產業平均。聯華很清楚，這是場攸關生存的抉擇。「只有繼續勇往直前，連暫停休息的權利都沒有！」聯華食品董事長李開源說。

因為，用戶為王的時代，正在到來。中歐國際工商學院管理實踐教授龔焱說，工業時代是製造為王，擁有設備的企業家決定消費者該埋單哪些商品；隨後，零售商沃爾瑪（Wal-Mart）崛起，變成通路為王，由大型通路商定義消費者需求；現在，網路與智慧型手機崛起，企業收集用戶需求的成本大幅降低，讓用戶時代真正來臨。

可樂果與洋芋片的戰爭，表面上是口味，但骨子裡比的是：誰能善用大數據，在最短的時間內提供消費者想要的，並且減少浪費庫存。這，不僅改變品牌商做生意的方式，也讓代工產業，遭遇巨變。

全員啟動，改變才發生

　　除了可樂果，聯華食品也是食品業海苔王，年產1億6千萬張海苔，從三井到超商飯糰都用聯華的海苔。該公司內有兩位把海苔分級的國寶級海苔達人，然而，海苔知識向來只能意會，無法言傳，若達人退休，聯華面臨無人接班的窘境。為了萃取達人知識，聯華研發長楊朝棋與人資部門同事，花了3年，把海苔達人知識由「感覺」，成為可以「意會」的標準，供後人學習。一旦有標準出來，未來想讓機器人去判讀海苔，也並非不可能。在這過程中，人資也必須轉變角色，不能只是發薪水，同時肩負，把達人的知識轉化為教材，未來，才可能讓機器變聰明。

　　除了人資，連同研發人員、業務、品保的心態也必須調整，聯華還要求品保、行銷、業務人員都要學會使用資訊系統、上傳數據，電腦才有能力根據通路銷售等變數，去計算未來的生產排程，從紙筆改為電腦作業。一開始老員工很抗拒，為了以身作則，聯華董事長原本不會用電腦，也改用電腦做事，讓員工看到老闆是認真的，逐漸改變心態。

　　新製造改的不只有工廠，全員動起來，換腦袋，我們才有贏的籌碼。

本文出自《商業周刊》1542期

數位化轉型搶下六成市場

台灣懷霖 》 亞洲航空貨櫃王

小檔案

成立：1997 年

董事長：劉華宮

主要產品：航空貨櫃、航空內裝精密鈑金

成績單：2016 年營收 3 億元、淨利約 1,300 萬元

地位：亞洲第一大航空貨櫃廠

　　當市場已有市占率 8 成的巨人，你還敢搶市？一家傳統鈑金廠，花 6 年演出了大衛力抗哥利亞巨人的故事。它，是台灣懷霖工業公司，靠著研發、生產航空用貨櫃，2016 年創造 3 億元營收，無畏歐美大廠的削價競爭，還一舉翻身成為亞洲最大航空貨櫃王。無論是國際知名品牌香奈兒、愛馬仕的高級定製服，或是台積電一台要價超過 20 億元的半導體設備，其跨國運輸的航空貨櫃，都出自台灣懷霖。

　　這成果，來自 12 年前一場「小蝦米打敗大鯨魚」的戰役。台灣懷霖，原是年營收不到一億元的鈑金廠，在建築鈑金業平均毛利率達兩成的年代，董事長劉華宮預見建築業景氣走下坡，決定搭著政府推動航太產業的順風車，搶攻毛利率上看 3 成的航空貨櫃市場，花 7 年取得認證、開始量產。

當時，亞洲航空貨櫃市場，是挪威龍頭大廠Nordisk的天下，市占達8成，劉華宮作為後進者，以低於大廠4成的報價求生存；但，驚覺小蝦米搶市的龍頭，在競標時削價5成，讓航空公司的採購主管抱怨「過去賺了我們太多錢。」

找龍頭弱點，拚速度突圍

才下定決心要轉型，就碰上了價格的流血戰，但他看到航太產業的成長性，決定咬牙迎戰：「走回頭路永遠只是代工，好不容易有機會發展自有品牌，就該拚！」劉華宮說。

他發現，當客戶有特殊規格或是維修需求時，巨人的反應慢，甚至不願意服務；找到競爭對手傲慢的弱點，讓他決定做少量多樣的生意來突圍。例如，日系航空要求客運貨櫃內裝要平滑，不能割傷旅客的行李箱，還要防水；國際名牌定製服的櫃體，需加裝吊桿，而各種不同需求，都不能讓貨櫃超過荷重比例。

當客戶需求越多，如何快速反應、壓低產線成本，成為轉型一大難題。若照老方法，以人工試算、分析材料強度參數，老師傅按2D圖紙製作貨櫃，不僅錯誤率最高達兩成，每開發一款新品，至少耗時兩個月，不利爭取新訂單。他痛下決心要導入數位化，改善生產流程。首先導入工研院的強度分析軟體，讓開發

時間縮短為兩週，年省600萬元開發費用，相當於當年營收的6%。更大挑戰，來自於數位化建檔。原本的2D設計圖，設計人員以紙本與客戶、產線師傅溝通，「工廠裡圖紙滿天飛，不同部門等候、反覆確認很耗時，常常要加班。」劉的兒子、台灣懷霖經理劉明杰說。

「紙本用得很順，幹麼這麼麻煩？」設計人員每天花兩小時重繪圖建3D檔，質疑聲浪傳到劉明杰耳裡。「龍頭大廠做的是蛋炒飯，但我們做少量多樣訂單，就像廣州炒飯，要處理上萬個零組件，要想辦法聰明做事。」劉氏父子召開會議向員工說明。

導入數位，良率增至99%

他們不斷和員工溝通，建模組雖然很累、很無聊，但能節省工時。否則當國外客戶都開始用3D圖面下單打樣，他們還得把3D轉成2D再轉回3D，欠缺效率。省下來的時間，更能用在新品開發，發揮設計部門的強項。尤其，師傅過去看著虛線、實線交錯的2D圖面，「憑空想像」成品的立體圖，再落實到生產上，常因不同師傅的經驗值而有誤差，試做階段的良率頂多90%；有了3D圖面後，師傅只要拿起平板，就能依照電腦上的立體圖製作，讓良率提升至99%。

但真正看見數位化的好處前，如何改變工作習慣，是一大關卡。「怕被機器取代，不願改變的60歲師傅因此辭職。」劉明杰說，他天天窩在產線和老師傅搏感情，保證電腦是減輕他們的工作負擔，師傅可升級專做品質檢測，成為自動化機台管理者。

習慣革命，工時省三分之一

這場革命後，讓台灣懷霖可有條不紊管理上萬種零件。透過3D模組，不僅產品外型一目瞭然，還可標注工序、以顏色區分不同製程，「師傅只要看一眼照做就行，工時省了三分之一，不必像以前一樣天天加班，更能照顧家庭。」他說。而公司的收穫是，準時完工率從85％提升至98％，錯誤率降至1％以下，讓華航、長榮、全日空等17家航空公司，都成為它們客戶，貨櫃產品種類從2008年的30種，增至目前的63種，一步步從巨人腳邊，搶下亞洲6成市占率。

台灣懷霖也找到下一個成長動力，決定轉入半導體設備的外殼鈑金，未來6年將再投資2億5千萬元，搶攻毛利率上看兩成的新市場。相較平均毛利率只剩一成的鈑金業，台灣懷霖追求十年一轉，用新科技改變舊製造，扭轉傳產式微命運，創出新路。

本文出自《商業周刊》1549期

豪擲 15 年淨利的轉型兩難
綠河 》塑合板亞洲第二大

小檔案
成立：2000 年
董事長：謝榮輝　總經理：黃登士
主要產品：塑合板、實板木材
成績單：2016 年營收新台幣 28.31 億元
地位：亞洲第 2 大塑合板廠

　　踏進綠河的工廠，我們彷彿掉進「大人國」。堆得像一座座小山的塑合板碎料、長約 8 英尺，寬約 6 英尺的塑合板，像書本一樣被攤開晾乾，等待近兩層樓高的自動倉儲機「Lukki」，將它們自行運送到磨砂區。這裡，是距離曼谷飛航一個半小時的泰國南方宋卡府，亞洲自動化程度最高的塑合板廠 —— 綠河所在地。

　　綠河是亞洲第二大塑合板廠，塑合板離你我很近，家中常見的系統家具，如，櫥櫃、衣櫃，或辦公室的桌子、書架，使用的板材都來自它。綠河的客戶包含板材貼皮廠與家具製造商，如中國最大家具製造商歐派。它去年營收 28 億元，有意思的是，近 5 年毛利率增加近一倍，淨利率跳升近兩倍，塑合板產品淨利率比同業高逾 10 個百分點。關鍵，就在於 13 年前的一場豪賭。

這家公司用相當於資本額15倍的金額，投入自動化設備，才得以在今日的殺價競爭中，走出不同的路。畫面回到綠河的宋卡府工廠，我們在占地6萬坪工廠，來回走了兩趟生產線，計步器顯示：步行距離逾6公里，我們見到的員工卻僅約75人，自動化產線早已取代大量人力。以前，綠河做的是實木加工，講求勞力密集，工廠內常見黝黑面孔的泰籍員工，現在產線全面自動化，多了金髮碧眼的各國團隊駐點共事。

綠河總經理黃登士說：「從投料開始到做出產品，以前人工要花好幾天，現在只要兩個小時。」他說，等到2019年，第三廠完工投產後，其塑合板產能將超越泰國最大廠Vanachai，躋身亞洲第一大塑合板廠。

轉投資塑合板，陷入兩難

坐在泰國宋卡府辦公室，董事長謝榮輝談起轉型初衷。起初，綠河是做實木加工，但卻看到實木加工的成長瓶頸，整塊木頭僅有30%被採用，非常浪費。長期來看，泰國政府獎勵環保等政策，泰國人工高漲，加上塑合板毛利率比實木業高出近3倍，這讓他們在2004年投入塑合板市場。

外界看來只是材料差異的生意。然而，選擇塑合板，就注定

綠河必須開始做客製化生產。原來，塑合板因應各國標準與生產需求不同，甲醛含量、硬度、厚度、長寬，就有上百種規格，製程涵蓋化學、機械、物理、電控等技術。這些技術，土木背景出身的謝榮輝與總經理黃登士一項都沒有。

幾乎是從零開始的戰爭，一開頭，綠河就面臨兩個艱難抉擇：要玩大的，一次到位？還是保守前行，且戰且走？大的指的是，直接投資歐洲規格的自動化產線，精準度與自動化程度高，但所費不貲，投資總額高達15億元，相當於綠河實木工廠平均年獲利的15倍；若失敗，等於十多年賺的錢就丟在水裡。保守之路則是，買中國製自動化程度較低的設備機器，成本只要歐洲產線的六成，優點是，風險不會這麼大。謝榮輝把問題帶到專案會議上，激烈爭辯。

「自動化若沒有長期效應（指降低成本、攤提投資額等效益）就不要自動化了！這樣公司早晚都要結束。」謝榮輝極力說服股東與幹部。會議上，人馬分為積極派與溫和漸進派。以謝榮輝為首的積極派認為，應該要採用歐洲設備，用最好的設備與人才，一次到位。漸進派認為，不要花這麼多錢，既然能夠用6成左右的錢做一樣的產能，先做成功一條生產線，再慢慢導入。

18個月評估，數據讓股東點頭

「以1億資本額的公司，要去投資15億，是一個很大的門檻，因為一出問題就全倒了。」謝榮輝清楚股東的顧慮，但他還是堅持大舉投資，若使用中國設備，初期投資成本低，但還是得仰賴大量人力，品質良率也低。若使用歐洲設備，當未來走向更大量生產，人力可立即節省，且成本還會逐年攤提，降低風險。為了做出新產線，謝榮輝整整花了18個月。

這段期間，綠河董事長、總經理、高階幹部都飛出國考察。一週至少開3次會議，讓工程、財務等主管全到齊，各自拿出產線規畫圖、財報彙報，算出回收期到底需要多久。最後，評估出來5年的時間後，謝榮輝再拿著厚厚一疊資料，逐一說服每一位股東。然而，砸了錢，這只是第一步，國泰證期經理蔡明翰觀察，若只是靠投入資本，其他規模比它大的工廠也做得到，關鍵是買了設備後，綠河有沒有能力快速摸索出有效率的製造方式，建立競爭門檻。

多國工程軍團，專注調整設備

綠河決心為了長期一拚，當其他工廠買設備後就直接投產，

其選擇再挖角設備商進公司，工廠裡來自十多個國家的工程師，組成異國聯軍，一起改設備調製程。謝榮輝想法是，唯有掌握製程核心技術，快速提高生產效率，才能甩開對手。「每個程序要改之前，我們會討論十幾次以上，才能開始做，」綠河的希臘籍建廠專案經理康斯坦汀（Karokolidis Konstantinos）說。綠河從機台擺放的位置、產線流程、貨物運送動線，一直不斷修正，要試出更好的方式。

原本，設計只能生產出100種客製化產品的設備，現在能產出150種；原設計的年產能是20萬立方米，現在年產能達30萬立方米，等於產能與產品種類各多50%；「這是對手沒辦法突破的點，」黃登士說。

然而，回首轉型過程，最大的考驗還是來自人。綠河經營層從管黑手群，到開始管各國聯軍的高手，後者又都是高知識水準，對技術執著的「阿兜仔」，綠河要讓他們貢獻所長，卻又遵守財務紀律，也是很大挑戰。像改機台，就得經過一番角力。例如當時一位澳洲籍同事主導的貼皮線，全產線規畫全球最頂尖設備，要價1億6千萬元，得花近7年才能回收。但經營團隊就必須花很多心力來來回回的溝通，要求降10%預算或是精簡設備等。逐項詢問設備功能，是否非得現階段投產，但仍能維持工程品質，最後才將預算壓到一億元以下，4年回收。

當然，其中還需要用到績效制度的眉角：綠河對員工說，只要提升效率，多省下的預算，都會回饋到該員績效獎金中。現在回頭看，幸好當年謝榮輝選擇了一條艱難的路，2008年的金融海嘯，競爭對手面臨無單可接的倒閉潮，綠河卻因自動化產能開出，可少量多樣供貨，而逆勢成長，從亞洲第五變成第二。今年，綠河決定再投入33億元，相當於2016年淨利的6倍擴產，想再問鼎第一。

　　這仍是一場豪賭，風險在於，若需求走軟或景氣反轉，將為獲利帶來沉重壓力。但當年的一個艱難決定，讓綠河在13年後，成為亞洲第二大塑合板供應商。它讓我們看到：要成為新製造先鋒的關鍵，不只是買昂貴設備，而是，你願意為未來冒險到多遠，堅持到多深。

Tomorrow

第三章

本文出自《商業周刊》1546期

致勝思維
彈性生產

接單後組裝和彈性生產的不同

目前製造業可以做到的彈性化生產，比較像是電子產業裡的接單後組裝（CTO，Configure to Order），就是接單後再客製化。以個人電腦為例，本身就是一個模組化的設備，例如說我今天要買戴爾的電腦，需要什麼規格的主機板、什麼樣子的鍵盤、多大的硬碟等，都是模組化的組件，所以可以接單後，再客製化大量組裝。

這中間靠的還是統一規格，只不過把統一規格分得更精細，然後在不同產線上，以不同規格機器生產組裝。但現在的彈性生產更進一步，當訂單產品改變的時候，不需要更換生產線或機器，只要用工業控制的方式，還是可以在同一條生產線上完成小批量的生產。

要真正做到個人化定製，累積大數據是降低成本的關鍵。利用大數據找出客戶共同需求，加以標準化、模組化，只要消費者下單，就可以依照模組微幅修改，降低個人化的成本，這就像組樂高積木一樣，可以依照消費者的需求，拼出他所要的產品。

智慧製造／創新案例 18

變形金剛包餡機從三峽賣進 109 國！
安口食品機械 》大數據建配方圖書館

小檔案

成立：1978 年
董事長：歐陽禹
總經理：歐陽志成
成績單：2016 年營收約 4 億元
地位：台灣最大包餡機專門廠，獨占水餃機 8 成市場

　　菲律賓第一大餐飲集團快樂蜂（Jollibee）的菲式春捲（Lumpia）、美國知名義大利食品大廠 Valley Fine Foods 的義大利餃、香港連鎖餐飲品牌美心的燒賣，到台灣奇美食品、龍鳳食品的冷凍水餃，背後都有一個推手：安口機械，台灣最大包餡機設備供應商。

　　它靠著少量多樣的客製化訂單，擺脫近億元負債，現在，還把接小單變成專長，透過電商平台把包餡機賣進全球 109 個國家。走進安口位於三峽、占地約 3 千坪工廠。生產線旁有一座為驗貨而設置的大廚房，這是機器人追逐老師傅手藝的最終試煉場，客戶將在這裡檢視，機器人包的餡料，味道能否超越傳統的老師傅，若前者沒辦法超越，安口就必須退訂金，認賠成為庫存。

夾縫中，客製化求生存

眼前，一台衣櫃大小的水餃機，每小時能包出1萬5千顆到1萬8千顆水餃，外裝夾具設備，就能改包上海灌湯包、日式和菓子或美式蘋果派，然後變換形模具，還能擬真做出媲美手工、有12道摺痕的湯包，若嫌麵皮口感不夠Q彈，追加擀麵模組就能改善，這種變形金剛般的能耐就是安口機器一大特色。

大環境逼得安口很早就認清，自己不能只賣機器，而是能幫助自己的客戶，做少量多樣生意，才可能存活。

最初，董事長歐陽禹創辦安口前，從事竹編品、滑雪桿等進出口生意，因為被海外客人倒帳，為了挽救危機才成立安口。最早做芽菜自動培育機，之後擴大產品線，才代理銷售台廠包餡機，踏入主流的食品設備市場，但由於債務壓力沉重，沒實力跟別人搶大單，因此在「大廠看不上、小廠不會做」的夾縫中，被迫挺進接客製化訂單的這條路。

甚至，當時因為財力有限，難以負擔海外參展費用，非技術出身的歐陽禹，很早把資源投注在低成本的網路平台，把有限的資金花在建置多達40個國家語言、網頁總數達近3萬頁的官網。這讓海外客戶很快看見安口，各式少量多樣的訂單湧入，從中式的水餃、肉圓、月餅，到日式的和菓子、中東人吃的雙色餅乾等

各國包餡料的特色點心業者都有人找上它。

只是，安口是如何讓機器變成變形金剛？同樣是水餃，各國不同文化就衍生出多樣化的口味與造型，加上「每一家店都想做出自己的獨特性」的思維，安口的包餡機要如何讓大家都滿意？

安口機械第二代掌門人，總經理歐陽志成說，這是一段非常辛苦的摸索過程。相較於木工機、工具機，加工的是均質的木頭、金屬、塑膠等死的材料，食品設備處理的是麵團、餡料、低筋、中筋、高筋麵粉以及杜蘭粉，不同的蛋白質，加同樣的水下去，黏度、軟硬度、特性、彈性還是都會不一樣，當機器追逐老師傅手藝時，由於變數極多，而且各地口味的喜好又不同，只能靠一次次的實戰累積經驗，才能提升勝率。

安口剛成立就債台高築，還要面對不成功就退訂金的慘況，「這是加工活的東西，真的好難。一開始接單成功機率不到3成。」歐陽志成說，企業剛開始時，幾乎快經營不下去。

實戰數據，建「配方圖書館」

然而，不面對顧客挑戰，就沒辦法進步，父子兩人忍著負債，透過一次次的實戰，滿足不同配方需求，設計出包餡機「九成標準化，保留一成依客製化需求靈活調整」的硬體設計架構，

降低失敗率；另一方面，其將每次配方成敗的數據記錄起來，建立一個涵蓋上百國家、多達300多種食品的「種族食品配方圖書館」，最後軟硬體整合，讓安口現在勝率到8成以上。

　　一位美國舊金山的餐廳老闆，原本是因為當地政府調高工資，才找上歐陽志成買湯包機器。以當地的工資推算，一台機器取代3位湯包師傅，只需半年就回本，讓他開心埋單。但卻遇到麵皮配方因素，手工湯包出現筷子一夾就破底，精華湯汁流光光的老問題。面對「很多店家都遇過」的狀況，安口從圖書館找出解方，還做出至少5種類似自家口味的配方選擇，讓雙方滿意。

　　奇美食品總經理宋宗龍評論安口：價格比同業貴一些，「但能抓住我們重視溫控的特殊需求。」安口本身靠接客製小單勝出，現在，它也要協助客戶走出自己的路。它最近的目標是：幫小餐廳做生意。歐陽志成形容這次的任務是：「把廚師變成餐廳研發員、品保員」的廚房新改革。

　　原來，近年電商消費崛起，網購外賣分食掉部分小餐廳客人，再加上人力成本逐年攀升，這迫使店數不到十家的小型連鎖餐廳，或是單店型客戶有廚房自動化的新需求，因此短短一年內，從台灣新北市三峽區的水餃店，到美國舊金山的中餐廳，這類小型餐廳顧客數量就增加兩成到三成之多。

下一步，幫小餐廳做廚房改革

以水餃店為例，安口協助客戶透過機器取代包水餃的時間，讓廚師可以專心負責研發獨特口味與品管，並降低人事成本，甚至還能幫餐廳提供更多元的餐點服務，吸引更多新客人上門。歐陽志成還提供自己的電商銷售經驗，幫忙客戶解決機器產量過剩的問題，發展網購外賣，避免被市場淘汰。

父子兩代聯手，文化大學園藝系畢業的歐陽禹，勝在對新事物的接受度高，用多國語言在網路做全球生意，就是他想出的好點子，他負責對外搶訂單，聽客戶聲音；兒子歐陽志成則是加州大學洛杉磯分校的機械工程碩士，靠機器專業專責做設備研發，是內部解決各式客製化訂單難題的靈魂人物。內外合作下，從賣芽菜培育機開始，有了今日的成就。

安口2016年遇上俄羅斯盧布高漲、中東戰火頻傳，兩大指標市場都衰退的衝擊，但仍靠著美國、加拿大等工資高漲國家的小訂單，交出營收成長一成的成績單。包餡，只是一個食品加工環節中的縫隙需求，但安口深入下去，提高更多附加價值後，讓客戶離不開它。

當然，安口也有新的挑戰，遍及五大洲的客戶群，規模大小不一而且分布零散，讓其售後維修服務的挑戰越來越大，就算近

年新成立美國分公司的幫助都很有限，現在，歐陽志成正在想辦法，讓包餡機能智慧升級，增加遠端監控、預知診斷與維修等新功能，在他眼裡，一台包餡機的未來，還有太多可能。

本文出自《商業周刊》1548 期

智慧製造／創新案例 19

14％退貨率變 1％以下
凱馨實業 》養雞場拚大數據

小檔案

成立：1991 年

董事長：鄧進得

執行副總經理：鄧學極

主要產品：有色雞（土雞、烏骨雞等雞種）種雞飼養、電宰與加工

成績單：2016 年營收 11.46 億元、淨利約 5,000 萬元

地位：亞洲最大專業有色雞電宰場

　　你有想過，養雞行業也可以長出新製造先鋒，並且與C2B模式（從客戶端行為決定企業要生產什麼）、大數據產生連結嗎？超市裡，人潮擁擠。剛下班的職業婦女們站在冷藏櫃前，拿起一盒分切好的雲林土雞腿；兩小時後，餐桌上就多了一道三杯雞佳餚，當大家大快朵頤之時，可能不知道，這是在一年前經過縝密精算的生產排程，用大數據被「做」出來的雞。

　　2013年起，亞洲最大專業有色雞（土雞、烏骨雞等雞種）電宰場凱馨，成立統籌中心來分析銷售數據，憑藉著即時掌握訂單及生產排程，讓曾高達14％的退貨率，在短短3年內，降至1％以下。在此之前，根本沒有雞肉行業會想到用大數據，去理解消費者，甚至更改生產流程。轉型，來自於「了錢」（台語：

賠錢）的痛定思痛。「雞不是殺越多賺越多，如果掌控不好，可能只賺到兩『憶』：回憶和失憶。」曾經在大賣場任職、再回家接班的二代，凱馨執行副總經理鄧學極說。

搶救腰斬銷量，開發分切市場

4年前，凱馨面臨了龐大危機：消費者形態改變。當時，小家庭不習慣吃全雞，加上傳統祭祀的活動降低，讓傳統土雞的全雞需求量持續下滑。「和十年前相比，白肉雞的消費量成長4倍（比土雞更早跨入分切市場），但土雞卻掉快一半。」加上盤商客戶持續砍價，一度，凱馨陷入虧損。

凱馨毅然決定開發全雞分切市場，把全雞拆成不同部位來賣，並且增加滴雞精等周邊商品，但沒想到的是，他們為土雞找新出路的同時，管理難度因此暴增。原來，過去的產線只做全雞電宰，產品只有一種，很單純，但開發超市、大賣場的分切品後，每天要生產超過30種規格的產品，從倉儲、生產管理和分切產線的員工，全都要重新調整工作流程，內部衝突不斷。「生管（生產管理人員）和生產（在產線處理分切的人員）常對不上，幾乎天天吵架。」凱馨系統分析經理劉姿錡說。

改攻小家庭，滾進7千萬年收

為了找出問題，鄧學極和主掌業務的哥哥、凱馨總經理鄧學凱，決定成立跨部門統籌中心，從源頭的小雞孵化、育成、電宰生產到銷售，一一建檔並以量化數據呈現。這，完全迥異於同業們「憑經驗」養雞的邏輯。

凱馨投資千萬元、相當於當年度獲利的八分之一，建立企業資源規畫（ERP）系統，讓飼養、倉儲、生產到銷售的各部門，都能隨時掌握訂單進度，以降低肉品超過保存期限的報廢。「雞若是生不逢時，是很悲哀的。在市場上缺貨的永遠缺貨，賣不掉的就是賣不掉⋯⋯。」鄧學極說，透過ERP系統掌握銷售數據後，哪些規格的雞隻滯銷、易變庫存，調資料就一目瞭然。

連結賣場數據後，他們發現：拜拜用的公雞需求，體型在2.4公斤以上為市場主流。但雞隻育成過程中，體型有大有小，就像同一個父母生的兄弟姊妹，高矮胖瘦都不同；透過分析庫存的數據，鄧學極發現，1.8公斤的公雞，連兩年的庫存量超過8萬隻，全都變成滯銷品，超過保存期限就報廢，吃掉公司獲利。

於是，他們將該體型的公雞從全雞轉為分切品，開發出400公克的清雞腿產品，在全聯等超市量販通路上架。由於新規格是超市通路的獨家，符合小家庭一餐的分量。去年，其出貨量超過

74萬盒，比2013年成長3.6倍，為公司帶進超過7千萬元營收。

又比如，大家過去的印象是：台灣人喜歡吃雞腿，但是他們卻從數據中發現，北部都會區的健身需求興起，需要低油脂、高蛋白的肉品，例如雞胸肉，於是他們積極把雞胸肉布到北部超市通路，讓這個大家以為的滯銷品，出現三成的成長。

因理解消費者的細節需求，他們回過頭，去改善源頭飼養端的流程，以降低成本。「土雞的生產鏈很長，上下游若沒整合好，會造成浪費。」他指出，種雞下蛋、孵化成小雞，飼養育成到上市，至少要九個月，生產規畫必須在一年前就擬定，過去大家都是用經驗，但現在，他們讓消費者行為說話。

例如，烏骨雞屬高價雞種，同業近年持續增養。但2015年下半年，鄧學極從數據看到，烏骨雞市場需求開始下滑，加上氣象預測為暖冬，預估進補需求會減少，在擬定明年度生產計畫時，決定比往年減少三分之二的種雞蓄養量。當全台同業平均增養3成的烏骨雞時，逆勢操作的凱馨還被嘲笑。但到了2016年農曆春節，烏骨雞因供過於求，平均價格從一台斤60元跌至50元，當同業承受價差損失時，凱馨反而避免超過400萬元的損失，躲過庫存危機。

讓消費者說話，躲過400萬元危機

　　鄧家兄弟實戰的成功經驗，讓員工終於服氣，他們並非被生產排程系統「綁住」，而是能有條不紊的管理。原來，為讓生產更精準，過去分切產線上、下午各領一次料，逐步改為半小時領一次，掌控訂單及出貨的生管和業務員，必須每半小時更新進度。凱馨將一年上看三、四百萬隻雞的生產，從14％的退貨率降到1％以下，代表一年約1,360公噸的分切雞肉，不再被浪費。

　　負責饗食天堂採購的饗賓餐飲集團經理周志豪指出，雙方合作4年，每月貨量達13至15公噸，凱馨不僅符合飼養天數及體型規格要求，送來的貨量也「抓很準」，供貨也比其他供應商穩定。「關鍵就在於前端的生產規畫及排程，」鄧學極說，去年其再花500萬元、相當於當年度獲利的6％，建置自動生產排程系統等設備，讓訂單及生產的資訊流串接更快；現在，訂單排程到生產出貨，兩小時內就能搞定。

　　出貨快，讓凱馨的冷藏肉品鮮度佳，售價比同業高出兩成，更有競爭力，從虧損到轉為年賺約5千萬元。凱馨收集大數據，越做越起勁，近年，凱馨已開拓緬甸外銷市場，今年又斥資5千萬元打造密閉式智慧雞場，要從中累積育成率、換肉率等大數據。若真能達成，這個新製造先鋒，就能朝工業4.0的概念更進

一步，讓資訊流可以完整貫穿從生產、銷售到服務的流程。

　　面對顧客需求越來越少量多樣的時代，養雞業要靠整合資訊打這場戰爭，鄧學極說，現在凱馨替自己制定的目標是：「用國際化的設備、規格，說國際的語言，讓台灣土雞能整廠輸出，走向國際。」這家新製造先鋒，在老產業做出新可能，在絕境中找出活路，再度印證「沒有夕陽產業，只有夕陽頭腦」的道理。

本文出自《商業周刊》1545期

智慧製造／創新案例 20

數位化拚出兩倍獲利力
世豐螺絲 》鐵皮屋內的智慧工廠

小檔案

成立：1973 年

總經理：陳駿彥

主要產品：建築內裝、家具用螺絲

成績單：2016 年營收 11.18 億元、EPS3.04 元

地位：台灣第一大烤漆螺絲廠

　　轟隆隆的機器運轉聲中，夾雜金屬彼此碰撞的清脆聲，就像織毛線一樣，一捆捆緩緩旋轉的金屬線材，被抽進綠色機台裡，再吐出一顆顆已打好頭型、長度從 2 公分到 30 公分的螺絲，叮叮噹噹落入下方的鐵籃裡……。

　　在被養殖魚場、眾多小型鐵皮鐵工廠包圍的鄉間，我們看見台灣螺絲界智慧工廠跑最快的廠商：世豐。

　　2015 年，國內最大的烤漆螺絲廠世豐，擴建位於高雄彌陀的工廠，廠房外表不起眼，但，世豐卻憑藉這個鐵皮屋下的智慧工廠，拚出同業兩倍的獲利力。「一開始我們也不知道自己在做什麼工業 4.0、智慧工廠，只知道要做資訊化，要好好管理，」世豐總經理，也是第三代接班的陳駿彥説。

改變，始於一場危機。6年多前，陳駿彥接下父親的棒子升任總經理，但就在當年，因美國貿易商和全球最大家具建材零售商家得寶（Home Depot）在物流的配合不順，原本高峰時可占世豐6成營收的家得寶，預告世豐2013年訂單到期後，將不再續約。

為了彌補營收大洞，新手總經理陳駿彥立刻開始全球跑透透找客戶，嚴峻的管理挑戰也伴隨而來。原來，世豐供應家得寶只有24種品項，工廠只要大批量的生產就過關，但一下湧進120個客戶的上萬種品項，所有流程，只能用混亂兩字來形容。在家得寶離開後，2014年，世豐的營收雖僅較前一年下降10％，但淨利卻減少4成。

過去，生產進度看師傅心情

世豐的螺絲主要用在建築內裝或家具，是高度客製化的產品，你我家中各色和家具搭配的螺絲，都可能來自世豐。陳駿彥從環繞會議室的展示架上，隨意挑了幾支螺絲，每支螺絲的頭型都不同，有圓弧、平面，連螺絲上的螺紋距離也不同。即使同一客戶同一尺寸的螺絲，為配合建材和家具，也要烤上不同顏色。

「我發現，我們員工不太能Handle（掌控）這麼複雜的狀

況。」陳駿彥很無奈，那段時間，世豐的工廠常做不出客戶要的產品，反而不斷去鞠躬道歉。「再這樣下去，我跑更多客戶回來也沒用。」

他發現，工廠的師傅拿到工單後，會照自己的習慣，從好做的開始做，隨意生產的結果，讓很多即使不急的訂單，最後竟都變成特急、特特急、特特特急。「問題在於師傅先做的，常常都不是我趕的啊！」這形成惡性循環，前製程將產品交給後製程的時間永遠都不對，排船期的船務，為了配合客戶的船期與交期，就會跟後製程說某客戶訂單是特急，請他們插單。

當所有訂單都變成特急時，整個流程變得失控，不是依照客戶真正的需求而來，痛定思痛後，「唯一能改的就是用系統，把他們框住，」陳駿彥說。若不計世豐在2011年就導入只有台積電、鴻海等大廠才捨得花錢的企業資源規畫（ERP）系統。去年世豐甫投入自動排程系統及初期的製造執行系統（MES）金額，就相當前一年淨利的五分之一。但陳駿彥遭遇的阻力不在於金錢，而是來自現場的黑手師傅。

現在，電腦控管上萬品項

因為買來的系統是空的，必須要鍵入各種參數，才能讓系統

知道世豐在排程上的需求及邏輯，這，必須要靠師傅們將經驗傳授給電腦。例如，生產線上有4種形態的機台，各自能承做的螺絲種類有限制，老師傅不只要告訴電腦，不同機台適合生產的尺寸、頭型、Logo等關鍵資訊，還有很多只有老師傅才知道的眉角，如某一種頭型的螺絲在排程時不能太趕，否則速度過快會容易壞。輸入的資料越詳細，系統做出的排程也會越準。

但，一開始師傅們非常抗拒，覺得電腦要搶走他們的工作，只願意提供一點資訊給電腦，然後對陳駿彥抱怨，「你看，電腦排出來都是錯的。」陳駿彥只能不斷跟師傅保證，電腦是在減輕他們的工作負擔。師傅反而可升級專心做品質檢測，並成為這群機台的「管理者」。一來一往，他要說服師傅們，他們並不是被電腦制約，而是電腦聽命於他們。這場革命後，讓世豐可以有條不紊的管理上萬種品項的生產，還有效降低浪費。

為了串聯生產，世豐在150部機台裡都加裝感測器及電腦。過去，當客戶下單後，因為動輒百萬支的量難以計算，世豐都為預防耗損，會再多加5％的重量去生產。每一次，都得等到包裝完，才發現多生產了上萬支螺絲。

光是2015年，就有高達1千2百萬支螺絲，被當成廢料銷毀。而且，以前都是每做完一批，就由師傅手寫，交給助理輸入到電腦裡，但是因為客製化造成訂單量大，且越來越複雜，「一

下是重量輸入錯，一下是訂單號碼輸入錯，出錯的機率超高，」世豐螺絲發言人王新元説。現在，機台裡的感測器精準計算生產的螺絲數量，才導入半年，2016年世豐銷毀的螺絲數量已減少了三分之一。有了一點初步成效的世豐，獲利也創近5年新高，淨利率是螺絲大廠春雨的兩倍。

耗材大減，淨利衝5年新高

世豐還進一步將上萬個生產模具的資料建檔，以預測模具什麼時候會壞。跟多數製造商相同，過去，世豐無法知道每個模具的壽命還剩多少，常是師傅看到生產出來的螺絲品質不對了，才停機換模。而年輕師傅為了避免出錯，多直接定製全新的模具，這都是成本。

現在，把每一個模具的壽命值收集後，未來，系統就能聰明做到模具和訂單的匹配，如某筆訂單只要20萬支，就指定某個剛好剩20萬支壽命的模具來生產，更進一步精準管理。這一系列的變革，起於危機，但背後，還有一個父親的夢想：讓世豐根留台灣。陳駿彥剛接班，就得不斷砸錢建置系統，寡言有些古意（老實）的父親、世豐董事長陳得麟，卻沒有説過什麼，放手讓兒子做。

因為陳得麟清楚記得，當年許多扣件廠都為了尋找更低的生產成本而移到中國，甚至曾有周邊幾間小的鐵皮屋工廠，希望世豐能帶著他們一起到中國時，他卻反向堅持留在台灣的原因：他說，若他的客戶，如手工具大廠HILTI，能在工資高於台灣數倍的國家製造，台灣，為何不能脫離逐成本而居的命運呢？這一家新製造先鋒用自身的行動證明了：決定命運的不是我們的遭遇，而是我們如何對待遭遇。

本文出自《商業周刊》1544期

智慧製造／創新案例 21

機械智慧化打進德國車廠
協易機 》讓機器生出神經

小檔案

成立：1982 年

董事長：郭雅慧

成績單：近 3 年營收在 34 至 40 億元間
　　　　庫存與應收帳款較同業低

地位：卡進雙 B 車廠供應鏈

　　雖然大環境不佳，但我們走進協易機，卻嗅不到景氣疲軟的味道。在廣達約 3 千 8 百坪的工廠內，高 3 到 4 公尺的機台遍布全場，師傅們為趕出貨，個個汗流浹背，在吊車送進大型元件的同時，一台剛整裝完成的新機正準備送往德國交貨。

　　走進辦公室，為了拚智慧機械，新大樓興建工程趕不上研發人力擴編，約五、六坪大的會議室改成臨時辦公室，擠進來的新面孔是資通訊工程師，他們與傳統機械工程師三五成群，討論要讓機器變聰明。資通訊、機械兩組人，在同間辦公室工作已屬罕見，更特別的是，坐鎮這家工具機上櫃公司的是年僅 48 歲、業界罕見的女性二代主，協易機董事長郭雅慧。

咬牙拚機械智慧化

美國紐約佩斯大學（Pace University）財管碩士畢業的她，在協易機創辦人郭勝雄五名子女中排行老大，1993年進入公司後，就是父親最倚重的業務大將。在2000年一手催生協易機美國公司後，就留守美國開拓新市場，直到2009年，家族成員涉入炒股案、金融海嘯接連重創協易機的危機時刻，才被父親從美國召回接班。

接班後，她除了大動作換掉一半經營團隊成員與過去切割外，還策動了一場「讓機台生出神經系統」質變大作戰，這是協易機現在逆勢突圍的關鍵。回想當時，她說：「我沒有掙扎，因為不升級、不轉型，公司就死定了。」

美國直到2013年工具機產值才超越台灣，前中衛中心董事長佘日新卻指出，儘管名稱不同，但美國工業4.0或智慧化卻早在30年前就開始發展；常駐美國拚訂單十多年的郭雅慧，也看見這製造業的大趨勢。她清楚知道，工業4.0的機械智慧化大戰並不遙遠，是在全球工廠中實際發生的事，只是各國深度、廣度不一，台灣未來要贏中國，跟德、日競爭，「會賺製造財是不夠的，還要能賺製造服務化的管理財。」

她認為，現在要賣的機器跟以前不一樣，要幫它生出很多神

經系統，每個神經系統還要連接起來，這就是精密機械加上大數據、網路，變成智慧機械；智慧機械本身還要連結，就變成智慧製造、智慧工廠，從點到線到面的改變，就是管理財。沒錯，她要拚的是機械智慧化的轉型升級，除了大勢所趨，她坦言：「再降成本，我沒那麼厲害，台灣已是極致。」但這轉型並不容易，為了最後臨門一腳，她曾忍痛犧牲兩年獲利。攤開財報，協易機在2014、2015年業界景氣低迷時，兩年獲利合計2億7千萬元，但同期研發預算，卻近2億1千萬元，亦即拿出一半以上的獲利挹注研發。

整合機械＋資訊人才

除了大膽投注研發，她也比別人早一步整合工具機與資通訊的人才。她透露，當機械工程師遇上資通訊工程師，光一個「即時」的概念，一邊的認知是今天，另一邊認知是3分鐘、5分鐘，跨業溝通與磨合，困難之高超乎想像。

6年前，郭雅慧靠著iPhone在內的消費電子產品訂單穩住家業，高達7成營收來自這類訂單。但協力廠商透露，郭雅慧早就認定電子產品生命週期短，訂單暴起暴落，營收占比大，風險很大。反觀汽車產業客戶規模大、產品生命期長，雖然要求嚴

格，但訂單較穩定，成為協易機重點開發的新市場。在換跑道陣痛期，她一度經歷「就算接到訂單，沒利潤也當學習吞下去」的考驗，但寧願放棄獲利、也不放棄研發的堅持，讓汽車業埋單其產品。現在不只汽車業的營收占比達65％，還讓一家從不買台灣工具機的德國汽車原廠，去年底打破慣例，兩度下單購買4台該公司的新伺服沖床。

當新政府談智慧機械產業政策，郭雅慧說：「我們已經有成品了！」原來這台運往德國的機器，還包括能主動通報的自動健檢功能、可視化即時自動良率與精度監控、掌握跨國產線資訊並提出建議的遠端遙控系統等智慧功能。此機器通過性能測試後，協易機將獲得卡進雙B（賓士與BMW）車廠供應鏈的好機會。

協易機位於桃園龜山，鄰近竹科地利讓郭雅慧早一步引進資通訊人才，進行跨業整合。也許機械業黃金縱谷再起的契機，就在於與竹科資訊業的異業整合能有多快。

本文出自《商業周刊》1508期

大數據，智慧製造的燃料

凡以「智慧」開頭的，像是智慧城市、智慧工廠，通常要具備3個東西，第一個數據（Data），第二就是感知器（Sensor），第三個才是智慧化（Intelligence）決策。

數據，是工廠智慧化的燃料，也就是五新裡的新能源。其實大數據也分為三類，第一個是結構性大數據，叫做資料探勘（Data Mining）；第二個是非結構性大數據，叫做輿情分析；而處理川流不息、混雜大量結構和非結構的大數據，需要運用到「江河運算」（Stream Computing）的方法加以分析。

江河運算的概念是，以微秒為單位，瞬間收集川流不息、大量的數據，瞬間做計算和判斷，瞬間做了決策後執行再放掉，下一微秒又再度收集大量的數據⋯⋯。

資料探勘用在報表與行為預測，輿情分析用在社會媒體監測，而工業4.0主要的大數據技術，卻是江河運算。江河運算用到流程控制上，如此才能做到快速回應。

幫 53 歲工廠賺物聯網的錢
HWTrek 》媒合新舊的 37 人小團隊

小檔案
成立：2013 年
創辦人：王仁中
主要產品：媒合製造供應鏈和創客的網路平台
成績單：幫逾 2000 家供應商，逾 1 萬名客戶創造新機會
　　　　2016 年亞馬遜發明家合作夥伴中唯一的台灣公司

　　「再繼續這樣下去，我們就會被市場淘汰了！」66 歲中新科技董事長江舟容，在兩年前的一場主管會議上，説出了領軍數十年來少見的重話。這是一家位於台中工業區的縫衣機老廠，50 年前就幫全球知名的日本兄弟牌、家樂美代工。

　　全盛時期，台中的縫衣機聚落產值達八、九十億元，現在只剩三分之二。第二代江舟容意識到傳統代工業的危機，開始嘗試接少量多樣的新創訂單，卻發現老員工們對小訂單看不上眼，沒有熱情。「我事後與幾位資深主管聊，他們説那天感覺好像被敲了一棒，」他的兒子、副總經理江權哲回憶。

　　兩年後的今天，我們走進這家老企業的廠房。「你看，只要把啤酒花跟原料放在這裡，然後在面板上按一下，選擇喜歡的模

式，你就可以自己在家釀啤酒。」江舟容邊操作像是台小型冰箱的智慧釀酒機邊解說，神情得意得像是在介紹自家小孩。

這台智慧釀酒機是3名匈牙利年輕人，委託他們代工製造的物聯網產品，占中新科技每月營收一半，每個月出貨200台到全球41個國家。過去占營收100％的縫衣機，如今比率已降到10％，連日本縫衣機大廠都想來參觀中新的變革過程。而幫助中新成功轉型的，竟是一名年紀比江舟容小上兩輪的青年──HWTrek執行長王仁中。這是一個53年歷史的老工廠，和一群平均年齡不到30歲的年輕團隊攜手合作，活化老產線、拓出新商機的故事。

定位為國際企業、堅持公司名稱不做中文翻譯的HWTrek（Hardware Trek，意指硬體＋跋涉），是一個媒合製造供應鏈和創客（maker，自主創造者）的網路平台。2016年，它成為亞馬遜發明家（Amazon Launchpad）4個合作夥伴中，唯一的一家台灣公司。亞馬遜發明家是全球電商巨頭亞馬遜集團，為支持新創硬體產品而發起的計畫。HWTrek是其硬體製造夥伴，平台上共有一萬多名分布在台灣和中國深圳的供應商，以及兩千多名創客。就連向來只接大單的和碩、廣達和緯創等傳統代工大廠，也都開始跟HWTrek合作。

待過製造業和創投公司的王仁中，看到兩個原本各自發展的

趨勢。首先，各式各樣少量多變的物聯網產品在全球市場出現，這些產品的共同特色是創意前所未見、發想團隊年輕，更重要的是，發想團隊通常不懂製造，往往只是在群眾募資平台上提出一個想法，募資成功後如何量產出貨，才是最大難關。至於習慣了只為少數客戶大量代工的傳統製造業，早就面臨訂單不斷往低成本處移動、代工毛利越來越低的壓力，卻因不熟悉新潮的物聯網市場，仍只靠跑商展碰運氣、業務員叩門去找新訂單。

幫新創意和舊製造搭橋

「現在需求端的客戶已經出現網路時代的人了，他們在找供應鏈需求時，是透過網路去找，你工廠端找客戶缺了網路這個渠道的話，你就會錯過這群人，」王仁中說。

於是，他在新創意與舊製造之間架起一座橋，居中媒合產能閒置的工廠與有製造需求的歐美創客。共37名成員的HWTrek，主力部隊是12名從製造業出身，涵蓋英、美、德等五國的專案經理，來自富士康、廣達、德州儀器等製造業大廠。他們手上平均維持200個專案，其中經評估特別有市場潛力的案子，這些專案經理會像保母般，依先後進度協調方向，解決需求與製造兩端的溝通問題。

這個協作過程，在傳統ODM大廠須費時數個月，但在網路平台上溝通協作時，靠著專案經理的熟練，只需要2小時。也由於訂單量小又多，在彼此貢獻智慧的過程中，也不致出現怕別人搶生意而吝於討論的現象。以中新科技的智慧釀酒機為例子，中新科技的專長是金屬模具，並不熟悉電池，HWTrek因此幫雙方介紹平台上其他的電池供應商，完成整個供應鏈。

這套右手改造傳統製造業習慣、左手消解新創者痛點的營運模式，獲得中國聯想控股子公司聯想之星、中國最大自營式B2C（企業對顧客）電商京東，以及中經合創投的肯定，於2015年投資400萬美元（約合新台幣1億2千萬元）。

但是回到3年前，王仁中卻曾經半年沒領薪水，三個月無法發給團隊半毛錢。當時他帶著團隊到全台各地，一個個拜訪坐落在工業區或產業道路旁的工廠，說服老工廠接受新觀念、接觸新客戶，往物聯網轉型。但他最常碰到的反應，是被指著鼻子說「騙子」，不然就是工廠老闆直接打回票說：「我們對物聯網沒興趣」，或是嫌新創客戶訂單量太小、不想接。

王仁中創業第1年，聯繫工廠只有3成願意讓他進門，這3成當中，又僅有1成願意加入他的平台。拿不出成績單，讓他尋求投資者的過程也常常吃閉門羹。雖然挫折，認識王仁中超過10年的HWTrek供應鏈營運副總吳榮展說，他幾乎沒看過王仁中沮

喪的樣子。其實，團隊不知道的是，一年有四分之三時間在海外尋求資金和資源的王仁中，每當流連在各大機場，看著旅客來來去去，就是他最容易自我懷疑的時刻，「會不會不賺錢啊？會不會做不大啊？」他自問。陷入懷疑漩渦的時候，他會提醒自己回想初衷。「自己的想法可以改變這個社會，為什麼不試試看？你覺得自己在想的東西，應該是這個社會所需要，或者應該會發生的事情，那你就應該讓它發生啊！」採訪前一天才剛從美國消費性電子大展回來的王仁中，因為感冒，講起話來有濃濃鼻音。

70分和0分一樣

　　形容自己是完美主義者和悲觀主義者的王仁中，自認成功的把握有多高？他說：「一成，但統計學來說，一成算高的。」只有一成把握，為什麼還願意去做？「完美主義者的人生只有99分跟0分，既然還沒到99分，你害怕70分嗎？不害怕啊，70分跟0分是一樣的，」他回答。

　　經過3年的努力，現在台灣工廠願意被HWTrek拜訪的比率，已從3成提升到7成。雖然這家以人才為最大投資的年輕公司尚未獲利，但它讓股東埋單的是快速倍增的平台會員數，從第一年的兩千多名、第二年五千名，到第三年已超過一萬名。

3年前，沒有人相信物聯網，但如今包括鴻海董事長郭台銘也宣布要挪出3成的資源支持創客。等到大浪鼓起時，已先投入的王仁中，就會是站在浪尖上的人。「在台灣，我們還沒看到競爭對手，」他說。

王仁中相信物聯網時代的平台需求不會短命，因為它是一個服務產業，以解決用戶問題為核心，「做完智慧冰箱，他還會想要做智慧微波爐啊。」因此，老練的專案經理就是讓平台除了當媒人，還能當保母的關鍵。

他也坦言，現在的挑戰是要找到新的需求端、要找源源不絕的需求。而京東集團的入股，就有帶來新需求的動能，京東旗下有中國最大的眾籌平台（即群眾募資網，是新製造需求的來源），並投入智能硬體孵化器，正好HWTrek也可助其尋求供應商解決方案。「台灣的產業已經到了一個要變的時間點，」他認為，長期以來習慣為大規格、大標準而定製的台灣產業，腦袋還沒轉過來。「在國外，大家已經在這樣做了（投入物聯網），但台灣還在問為什麼，」他說，現在台灣產業該問的是「怎麼做」，而HWTrek想做的是成為製造業的104。

製造老手、網路新創共同成長、壯大。這是我們在「台灣製造」看似黯淡的角落裡，發現的新經濟故事。

本文出自《商業周刊》1524期

打造出台灣第一輛電動超跑
特斯拉幫落腳處 》行競科技

小檔案

成立：2014 年
創辦人：洪裕鈞、齊塔克
主要產品：電動超跑、電動賽車
成績單：2016 年發表過台灣第一輛電動賽車
　　　　2017 打造出全世界第一輛達 1,341 匹馬力的純電動超跑
地位：串連台灣電動車科技產業鏈，建立技術授權門檻

　　6年前，愛比科技（IPEVO）執行長、台灣松下電器董事長洪裕鈞，是特斯拉第一輛跑車「Roadster」的第一個台灣買家。2017年，洪裕鈞以行競科技執行長的身分，自己打造出了全世界第一輛達 1,341 一匹馬力的純電動超跑「Miss R」。

　　在台北電動車展上，行競科技展出一輛手工電動超跑，已打造好的碳纖製外殼刻意沒有裝上，讓CNC（Computer Numerical Control，電腦數值控制）車床做出大型的金屬車架、自己研發的電池模組及冷卻系統、市面上沒出現過一顆馬達帶動一個齒輪箱的系統……，全都沒有遮掩的展示在大家眼前。「它展現的是台灣的生產製造能力，」洪裕鈞説。因為連同碳纖車殼，「Miss R」有高達60%的零組件都來自台灣。

藏在車裡複雜的零件機構下，隱約看得到4顆銀灰色的馬達及匹配的控制器，每一顆馬達都能提供335匹馬力，相當一輛保時捷經典911 Carrera的馬力。這系統雖然來自美國的克林威孚（Clean Wave），但由台灣供應及加工的零組件，卻占了其成本的60%。總部在矽谷的克林威孚，也因此來到台灣成立公司，進行供應鏈管理及研發工作。

有趣的是，打造出「Miss R」及電動車心臟馬達的關鍵人物，都是出身自特斯拉的美國人，但他們為什麼不約而同選擇落腳在汽車產業並不發達的台灣？18吋輪圈、冰冷剛硬的金屬線條，「Miss R」看來狂野，但浪漫的名字背後，承載的是洪裕鈞從小到大的夢，以及行競科技另一位創辦人齊塔克（Azizi Tucker）的理想。

走遍亞洲，台灣製造好、彈性高

從小就非常愛車，會拿筆之後畫的第一個具體的圖像是車，洪裕鈞從學生時代更曾買過老車來改裝。但直到2013年，他以設計師的身分，受邀到TED x Taipei演講，遇到了同為講者的特斯拉前資深供應商開發工程師齊塔克。洪裕鈞隨後投資齊塔克在台灣創辦的公司，並改名為行競科技，走上汽車「圓夢」的路。

齊塔克早期在底特律的GM汽車，之後到NASA（美國國家航空暨太空總署）工作，2006年進入還沒有製造出一款電動車的特斯拉，他的員工編號100。當時，特斯拉工程師都非常年輕，有設計想法，卻沒有製造經驗，齊塔克一年往返美國及亞洲近百趟，一手建立特斯拉在亞洲的供應鏈，他帶著特斯拉的年輕工程師和台灣、泰國、日本等亞洲供應商，一起研究如何製造車子。

齊塔克參與過特斯拉Roadster、Model S和Model X三輛車型，以及當年向特斯拉買Model S系統的豐田電動休旅車RAV4的研發設計。為了尋找特斯拉供應鏈，已走遍亞洲好幾圈的齊塔克，離開特斯拉後，最後選了製造能力好、彈性高，且工業加工產業鏈相對完整的台灣，作為他創業的出發地。

例如幫行競做出車側大型CNC車床件的韋勝，以及做避震器等周邊CNC零件的環球事業，都只距離齊塔克一開始的落腳地泰山，大約10分鐘車程而已。不只距離，齊塔克需要的還有台灣中小企業的彈性。「上個月很可怕，每天都傳來訂單，裡面是一、二十樣東西，我就開始備料、檢討圖面，忙到6點，他又傳一張圖來要我報價，」環球事業的負責人李志宏說。行競為了趕製「Miss R」，每天都有急單丟給李志宏，他也有能力在最短時間內幫行競完成客製產品。

電動車產業台灣供應商平台

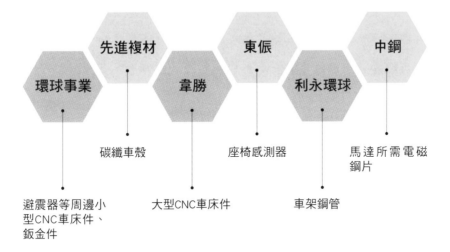

環球事業 → 避震器等周邊小型CNC車床件、鈑金件

先進複材 → 碳纖車殼

韋勝 → 大型CNC車床件

東佑 → 座椅感測器

利永環球 → 車架鋼管

中鋼 → 馬達所需電磁鋼片

把賽車當實驗室，加速量產化

在「Miss R」之前，去年，行競其實已率先發表過台灣第一輛電動賽車「Miss E」，在大鵬灣賽道裡展現過她無聲的性能。但齊塔克很清楚，他來到台灣研發電動車，最終目的不是為了賣一輛輛的電動車。齊塔克腦子裡其實一直思考的是，如何能夠讓電動車更快速普及，而不只是「造車」而已。因為一直到今天，特斯拉一年也不過7萬6千輛的銷售量，還不到全球汽車總銷售量的千分之一。就像特斯拉的第一輛車 Roadster，以跑車創造話題，也從最昂貴的車，學會怎麼做出大眾車款 Model S，甚至

是更為平價的 Model 3。

行競的第一個外部投資人、專做早期投資的心元資本創辦人鄭博仁認為，行競對自己的技術及經驗夠有自信，所以敢從最高規格的賽車開始切入，「雖然是打造一台賽車，但是從第一天開始，我們就有很強的共識是，這公司是在打造未來的汽車科技。」例如他們已經研發出由液態冷卻、能像樂高一樣堆疊組合的高放電電池模組，以及電動車的齒輪箱等系統。

行競的商業模式，就是要做顧問服務，將電池模組、電池管理等系統，或是電動車製造的參考設計做技術授權，讓更多公司能更快速切入電動領域。洪裕鈞透露，已有國外的公車製造商、東南亞想生產電動計程車的廠商，都找上行競合作，目前有6個專案在進行。

核心廠，看上台灣馬達來設點

和齊塔克一樣，克林威孚的兩位創辦人庫比克（ Mike Kubic）和葛瑞格（Rudy Garriga），都是2009年以前，特斯拉還未離開台灣時，和台灣供應鏈關係最緊密的特斯拉人，也是設計出特斯拉Roadster的核心人物。

庫比克和葛瑞格，兩人是特斯拉電動車的心臟──馬達及

控制器的設計開發者。他們認為，全世界若只有特斯拉成功，依然無法讓電動車成為風潮。「我們想做出PC界Intel inside的概念。」克林威孚的主要外部投資人，目前也擔任董事長的王秀鈞說，他們不想只是替一家車廠研發馬達與電控系統，而是專注在開發高功率的馬達，提供給更多想切入電動車的車廠。

克林威孚的馬達及控制器，曾被美國電動機車新創公司Mission Motors裝在其重機上，這輛重機在2009年北加州的Laguna Seca（雷古納賽卡）賽道上，以時速超過240公里，創下最快的電動摩托車紀錄。他們在特斯拉時，就是將設計好的馬達，外包給台灣富田及其他加工廠製作，同時也向台灣的中鋼採購馬達最重要的材料電磁鋼片。因此，不用再重走一遍過去特斯拉尋覓供應商的辛苦路，從克林威孚成立的第一天，台灣廠商自然成為他們最重要的供應鏈。

2016年，中國成為全球電動車最大的市場，銷售量近60萬輛。克林威孚為了打進許多逐漸朝向電動車轉型的傳統汽車供應鏈，2016下半年，和在香港上市、中國最大的汽車零組件製造台商敏實集團，在中國嘉興合資設廠。為了預期將大幅成長的需求，克林威孚2017年3月也到台灣成立公司，加大對台採購及強化對供應鏈的管理，做為矽谷總部與中國組裝線的技術支援。

台灣廠商，有能力卻沒想到自己能做

事實上，台灣有完整的零組件及工業製造能力，讓台灣成為許多系統廠最好的夥伴。但台北科技大學車輛工程系教授黃國修認為，台灣的弱點是，沒有系統整合能力，也就對自己的實力缺乏想像力。例如「Miss R」裡，一大塊長120公分、寬60公分、厚15公分的CNC車床件，齊塔克找上曾製作過雄三飛彈發射架的韋勝，只要交給他們設計圖，韋勝能在品質及交期、價格上符合行競的需求。另外，齊塔克也找到一家自行車車架供應商東侕，來製造賽車車架所需的鋼管。

但在這之前，這些台灣製造能力強的供應商，從沒想過自己的產品有天能被用到賽車或超跑裡。「我很愛車，但以前根本不敢做夢，從沒想過台灣原來能做到這麼多，我們可以在台灣做出超跑，」洪裕鈞說。

如今，齊塔克和洪裕鈞，一起圓了一半的夢。但其實，幫助他們圓夢的台灣供應鏈，也更需要大膽想像與做夢的勇氣。

本文出自《商業周刊》1539期

製造生態系／創新案例 24

從「別人不做的」贏起
飛捷科技 》全球第三大 POS 廠

小檔案

成立：1984 年
董事長：林大成
主要產品：端點銷售系統（POS）、平板電腦
成績單：2016 年營收 56.41 億元、年增 8.28%
地位：飛捷 POS 機台全球第三，市占率約 13%

　　買東西，過程中最忙碌的除了銷售人員，其實還有收銀台前的端點銷售系統（POS，Point of Sale）。從消費者走進餐廳點餐到刷卡結帳，到廠商的進貨、存貨數量，每筆資訊都要經由 POS 機台記錄下來，再傳遞到後台的管理電腦，一旦發生故障，店家就很難做生意。

挑大廠看不上的小餅

　　台灣最大、全球第三大的 POS 製造商，就是飛捷科技。

　　在台灣，從零售股王寶雅、星巴克、王品集團，一直到優衣庫，用的機台都由它生產，強占零售餐飲業 POS 的龍頭地位，

在台市占率逾4成。飛捷的競爭對手，來自國內外。全球出貨量第一的POS廠商是大廠東芝（Toshiba），第二是美國廠商NCR，但第三名的飛捷出貨量市占率約13%，已與NCR旗鼓相當。在國內，其競爭對手有振樺電、伍豐等上市櫃公司。

不過，飛捷與上述國內外競爭者最大差異是，它專做硬體設備的OEM（製造代工）、ODM（設計製造代工），不做自有品牌，更不生產POS周邊產品，例如錢箱、發票列印機等，也不做軟硬體整合。這策略與東芝、NCR、振樺電等，品牌、軟體、硬體都做，非常不同。它建立起POS產業的供應鏈平台，自己是「中央廚房」，向上游購買原料製造產品，出貨給中盤商，再由其發派到各個不同品牌的餐廳。

1984年成立的飛捷，從主機板、個人電腦起家，2000年，轉進工業電腦中的POS系統產業。它曾開發全球第一台書本式桌上電腦（Book PC），一度吸引惠普、戴爾要求代工，但當時公司規模仍小的飛捷，無法應付龐大訂單，隨後，競爭同業開發出類似產品，飛捷業績直墜，頓失競爭力。台大電機系出身的飛捷董事長林大成，認為要找到符合他研發強項的利基產業，才能突圍，於是捨棄量大的Book PC，搶進須高度客製化的POS產業。

POS產業供應商平台

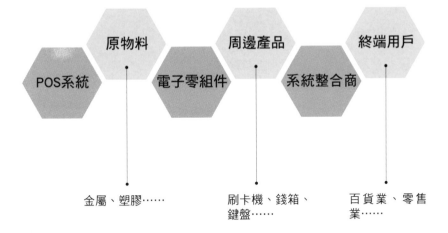

原物料
金屬、塑膠……

周邊產品
刷卡機、錢箱、鍵盤……

終端用戶
百貨業、零售業……

跟同業合作，接對手訂單

「當時的工業電腦大老，對這小產業沒多大興趣。」他說，當時POS產業規模極小，工業電腦代工大廠如廣達、仁寶、英業達等，對這塊小餅興趣不高，他決定全力進攻此缺口。

考量資源有限，他集中火力只做硬體系統，不做系統整合，不做軟體，更不做品牌。除了硬體以外的，飛捷都和別人合作。所以對手要花兩、三年才能投資一個機種，飛捷就加倍投資，開發一台機種，動輒得花五、六百萬到上千萬元，一年就開發兩到三個機種，快速累積產品規模。這個專注製造的策略奏效，十

幾年來每年維持逾30%毛利率，年營收更從16年前約四、五億元，到2016年已有56億元。

即使營業規模擴大，飛捷仍不走東芝、NCR同時做軟硬體開發與系統整合，能提供全套解決方案的路。

「只做代工，國內外的同業都是合作夥伴。」林大成強調，雖然必須與下游業者分享利潤，但優勢是，雙方以策略聯盟合作，技術經驗共享。雖然毛利率相較自有品牌廠低，但省下廣告行銷、管理通路等費用，淨利率卻與其相當。

簡化維修流程，幫客戶省錢

要專攻少量多樣客製化產品，他建立的門檻是：強化研發，甚至從產品設計源頭，就開始做「售後服務」。飛捷的主要市場集中於北美、歐洲、非洲，占比高達近八成，歐美當地人工維修成本極高，以北美來說，單趟到府維修費用，就得花上約新台幣8千元，「只要你能幫客戶省掉這一段（困擾），無形中就能增加產品的競爭力。」例如，一般機器，得用到至少三、四十顆螺絲才能組裝，拆卸組裝都很耗時，飛捷8年前開發新機種，只須扭動兩個把手就能掀開；再配合內部配備模組化，一有故障，只要寄送新配件，營業員就能自行更換，不僅省下高昂的維修費，

維修時間也省了一半。

專注，讓飛捷維持十多年穩健成長。但下一波產業浪潮正席捲而來，繼2012年業界龍頭IBM將POS部門賣給東芝後，國際一線大廠爆發整併潮，2016年時，東芝與NCR都紛紛傳出有意出脫POS部門。

為了搶食大廠流失的市占率，飛捷乘機部署通路商，2016年4月，開出購併第一槍，買下英國龍頭系統整合商Box Technologies，藉它之力搶攻英國與北歐市場，預期2017年在歐美、亞洲訂單穩定出貨之下，飛捷營收可望持續成長，獲利可望改寫歷史次高紀錄。

「將來的生意，不是爭取一張訂單，而是要建立價值鏈，從設計、製造、銷售、服務，都要能掌握。」飛捷科技總經理劉久超表示，飛捷在全球市占率已與第二名相當，下一步目標是「坐二望一」，而對飛捷而言，奪冠之路將不是獨行，而是偕伴共贏。

本文出自《商業周刊》1520期

全球性感連身內衣王

陸友纖維 》 半世紀絲襪廠轉型

小檔案
成立：1966 年
總經理：魏平儀
主要產品：網襪、絲襪、性感連身內衣
成績單：2016 年營收 16 億元
地位：代工性感連身內衣，全球市占率最高
　　　有 2 萬種商品，是全球襪子種類最多公司

　　老警衛、水泥牆面、磨石子地板，到牆面上一字排開的蔣經國、陳水扁、馬英九等歷任總統參訪合照，古老的歷史感，是陸友纖維予人的第一印象。而這家 51 年的老公司，還有個比它知名度更高的自有品牌：「琨蒂絲」。

　　它不僅是全台灣市占率最高的絲襪品牌，面對中國夾擊，台灣襪子出口銷售總額 17 年來衰退 35.4%，陸友營收卻由 2004 年的 8 億元逆勢成長，最高峰曾達 26 億元，今年預估可達 20 億元。今日，陸友還成為全球性感連身內衣市占率最高的代工廠。它，是如何轉身？

全盛時期，香奈兒欽點的褲襪

「20年前生意還很好做，我曾連續一年每天做到天亮，單子消化不完啊，」陸友總經理魏平儀語帶自豪。他是彰化社頭地區被譽為「絲襪世家」的魏氏家族第三代，家族打從日據時代即深耕絲襪業，包括華貴牌、佩登斯等國內一線絲襪品牌老闆，都是他的堂兄弟。

魏平儀的祖父魏國煌，是俗稱「話玲瓏」的小攤販商，騎著腳踏車兜售襪子、口紅、香水等小物，最後引進日本的絲襪織造技術，成功創業。而父親魏和衷創立陸友後，真正與同業拉開差異的關鍵，是在1983年咬牙買下一台要價一千萬元的雙針床經編機，織出了第一雙一體成形的網襪。當時，彰化社頭的一甲農地只要兩萬元，這樣的豪舉自然引發不少議論，卻也成功讓全球客戶湧入彰化。

魏平儀說，高峰時，連香奈兒（Chanel）、Armani Exchange、miumiu等精品，也把單子下給陸友。在Chanel指點下，他們做出從側面看膚色與黑色各占一半、連歌手莫文蔚都曾穿過的顯瘦褲襪；Armani的設計更特殊，是將一雙粉紅色絲襪、一雙黑色網襪裝在同一盒裡，兩件疊穿，創造多層次感覺。「太前衛了，我們工廠根本看不懂！只好邊做邊學，觀察流

行尖端長什麼樣子，」魏平儀大笑。直到二〇〇〇年，情況驟變。先是中國崛起，搶走低價訂單，外銷美國的紡織配額也快速消失，但最嚴格的挑戰是：消費習慣改變。短裙與涼鞋興起，消費者開始把絲襪當流行品，而非必需品。也就是說，它必須更少量多樣才能吸睛。三大挑戰同步襲來，讓陸友營收一度下滑三成。仗，還打得下去嗎？

化身接案平台，揪小廠共同製造

魏平儀回憶，當時，品牌客戶依然會找陸友打樣，但一來就是30組圖案，限期一個月內交。「一款新品從設計圖、組織圖到上機打樣，動輒就要3、5天，我們只有4個設計師，哪來得及？」負責研發的陸友纖維執行長魏平穎苦笑道。

最後，陸友選擇以群架的方式突圍──它串聯鄰近的50間小型工廠，共同接單、設計、製造。換言之，它讓自己多出了50顆腦袋。舉例來說，當魏平穎拿到數量龐大的30組打樣，他先定出交件時間，即可分給合作的10間衛星工廠，每間各自負責3組，一手包辦畫組織圖、上機與打樣。完成的樣品統一回到陸友，由陸友向品牌提案，若某組樣品成功拿下訂單，打樣小廠即取得生產大貨資格，形同公平競爭。

「流程説起來簡單，其實眉角很多！」魏平穎分析，這50家衛星工廠，多為過去曾任職魏氏企業的幹部自行創業，規模往往只有夫妻兩人加上幾台機器。因此，陸友安排訂單時，必須精算每家工廠的設備狀況、生產速度、產品良率，老闆擅長電腦提花、蕾絲還是網襪等，且小廠缺乏品管機制，身為「接案平台」的陸友得扛起責任協助檢查，若長期品質欠佳，也會篩選淘汰。

　　「跟陸友一起做，無論淡旺季，至少每個月都有單，」合作近20年的俞璇工業社老闆娘謝淑娟透露。這些小廠原本沒有足夠設計能量，去應付少量多樣的生意，這種「類平台」的經營，給了它們一條出路。被動接單外，也有些小廠主動出擊，程輝興業負責人黃啟文，就曾長達5年、每月提供陸友兩款以上的原創設計，「不一定會被挑中，但至少有打樣有機會啦！」他笑道。

　　魏平儀分析，串聯衛星工廠的背後策略，是看似衝突的「客製化＋大量生產」：假設一個廠專做1千打客製款，50廠合計5萬打，產能已不輸給一貫化大廠。更重要的是，透過50顆大腦分工合作，陸友每年的新款數量由200款竄升至2千款，原創設計約占3成，等於一天就能誕生兩款新品。其中，更有一款在黑色褲襪上做出緄帶纏繞效果的「木乃伊襪」大受歡迎，廠商要拿貨，得等上整整8個月。

奇想突圍，多織一截把襪子變內衣

目前，陸友合計約擁有2萬種商品。魏平儀直言，單看款式，陸友已是全球襪子種類最多的公司，但強烈的危機感並未因此減少：「你知道襪子流行起伏有多大嗎？好的時候15億、差的時候8億都是常態，一旦撐不過低潮期，公司就倒了。」

為扭轉他口中「配件的宿命」，陸友甚至還曾試著委託研究機構，進行市場調查，卻發現許多數據都缺乏意義。舉例來說，某年有28％的男性都覺得網襪性感，該年網襪也確實熱銷；但在網襪大滯銷的年份，覺得網襪性感的男性也高達17％，差異並不明顯。魏平儀坦言，他也曾在這些數字間打轉了很久，最終決定看開，將它視為產業特性：「一款乏人問津的網襪，被Lady Gaga一穿就爆紅缺貨，這就是流行常態。問題是，公司要怎麼去補淡旺季的差距？」腦筋一轉，他想起父親30年前的創舉。

原來，早在1980年代，魏和衷織出一體成形的網襪時，因超前國內審美觀太多，網襪一度乏人問津，他突發奇想：「襪子不行，那乾脆多織一截上半身，再加個肩帶，不就變成衣服？」不會說英語的魏和衷，在行李箱裡塞幾條網襪、幾件加上肩帶的網狀衣，直接飛到美國，在旅館裡翻黃頁電話簿，一家家拜訪廠商，才終於開啟市場。這，正是如今的性感連身內衣

（bodystocking），意指一體成形、用絲質或網狀花紋包覆全身、展現身體曲線的商品。「我說直接一點，當年日本Ａ片裡面的那些衣服，都是陸友做的啦！」魏平儀大笑。

比起易受流行影響的襪子，性感連身內衣相對穩定，儘管產量僅有襪子的百分之一，但因為技術複雜、競爭者少，利潤高達35％以上，較襪類多出３倍。選定轉型目標後，魏平儀先試著加入異素材，如蕾絲、緞帶、破洞等，沒想到反應熱烈，美國情趣內衣大牌Hustler、Lovehoney等都變成客戶。

不設限，杜絕客戶「外遇」跑單

幾年後，客戶進一步詢問，陸友是否有賣皮衣、皮馬甲等變裝搭配商品，對此完全外行的魏平儀，除了再次召集衛星工廠「擴充大腦」，自己也跑去皮革廠學習：「我不設限自己只做襪子，才能杜絕他們任何『外遇』跑單的機會。」時至今日，陸友已是全球性感連身內衣市占率最高，年產440萬件內衣，擁有兩千多種款式，占整體營收約３成。

從一貫大廠走向專業分工，又從絲襪大王轉戰性感內衣，乍看之下，陸友似乎已做出不少大刀闊斧的改變。但在魏平儀看來，新挑戰才正要開始。他坦言，陸友今年業績反彈回升，主因

是當年轉向中國的品牌陸續回流，看好台製的品質。但同時，過去非大貨不接的中國絲襪廠，也開始接受零星的一、兩百打小單，「我們的優勢少了，未來的世界，變化一定比過去更劇烈！」

面對確定性越來越低的大環境，魏平儀只能更快往前跑。說到這裡，他話鋒一轉，聊起了繼性感連身內衣之後，他自己的發明——原本是要做手術後用的透氣醫療褲，取代如今拋棄式的紙褲，研發出來才發現成本太高，不符合目標客群。

「結果，我把褲子翻上來、褲襠剪開、加兩條肩帶，就變成那種夏天涼爽型的小可愛了，賣得非常好！」他大笑，彷彿得意於又多證明了一次絲襪產業見招拆招的應變能力，「看你要認命投降，還是繼續奮鬥？說穿了，就是這樣而已。」

本文出自《商業周刊》1543期

致勝思維
製 造 生 態 系

消費者在哪裡，服務就在哪裡？

　　新製造需要工業互聯網，也就是機器與機器之間的聯網
（M2M），做到彈性化生產、智慧製造。製造服務業需要一個跨
產業的製造生態系，HWTrek是一個新舊媒合平台，它幫買方找
賣方、賣方找買方，這也有點像是生態系裡的蜜蜂，各種農作物
需要透過蜜蜂授粉，才得以繼續繁衍。

　　至於飛捷和陸友比較像是單一產業裡的媒合平台，串連上下
游的需求。我認為，在C2B的趨勢之下，產業內的媒合平台，
也將和產業外的媒合平台接軌，以因應個人化定製的需求。

　　一旦組成這種跨產業的生態系，製造業才會發生往服務業發
展的「質變」。例如，以前POS機只要以系統為中心，整合上下
游廠商，變成一個產業聯盟，就能滿足客戶需求。但現在，POS
系統是不是還要整合Apple Pay、Line Pay等FinTech（金融
科技）系統，建立跨產業的生態系，才能滿足客戶的需求。

　　這些其實都圍繞在一件事情上，就是「個人化」。如果個
人化和碎片化，是C2B的本質，無論是新零售、新製造、新金
融，最終都是圍繞著消費者需求的「服務業」。

Consumer to Business

Tomorrow

新金融

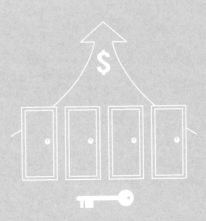

企業衡量創新的那把尺，
不在於科技上的突破，
而在於創新對顧客及市場的重要性：
是否能創造新價值，使顧客更加滿足？
這裡有個顯而易見的例子：
「分期付款」對顧客及市場造成的衝擊，
絕不亞於 20 世紀其他的偉大科技發明。

—— 現代管理學之父　彼得‧杜拉克（Peter Drucker）——
1992 杜拉克談未來管理《Managing for the Future》

冒險探索的新金融

「錢」的演化，在人類文明史上從貝殼，黃金，鈔票⋯⋯，到新金融時代將演化成「資料」。事實上，從你的錢進到銀行戶頭開始，就已轉化為一連串的數據資料，隨著網際網路和雲端技術的演進，這些數據資料將和你個人的支付、儲值、理財、融資息息相關，而銀行的未來也會從金庫保全，轉成資料庫安全的組織。

未來，新金融的樣貌將是整合金融科技（FinTech）與服務能力的金融雲，以達到：

運用基於數據的信用體系，建立更加公平、透明的互聯網金

融，以支持 80% 中小用戶、消費者的普惠金融。

　　基於數據的信用體系，是以雲端計算、大數據等掌握用戶的真實數據，據以發展的徵信系統，以這個數據徵信系統為核心，再拓展到授信、理財等傳統金融業務。普惠金融則是反轉過去傳統金融服務（以銀行為代表），普遍只幫助富人尋求更多獲利、同時規避風險的現象，讓更多小微企業或個人，也能享有融資或理財的服務。

　　要達成普惠金融，首先必須解決信用資料不足，導致投資人不敢投入資金的問題，再來是解決小額借貸因獲利較少，與交易成本不成比例的問題。因此，運用基於數據、公平透明的徵信系統，就是達成普惠金融的基礎建設，這就是馬雲所說的「讓信用變成財富」。

數位金融化還是金融數位化？

　　互聯網與金融的結合大大降低了資訊搜索成本與交易成本，也重塑了金融服務的模式與功能，讓以往各自獨立的金融、社交、消費得以互相融合。例如，螞蟻金服旗下的徵信業務「芝麻信用」，掌握了全中國最大電商平台（天貓和淘寶）跟主流支付工具（支付寶）的數據，使得信用評分更準確。以芝麻信用為

互聯網與金融的結合

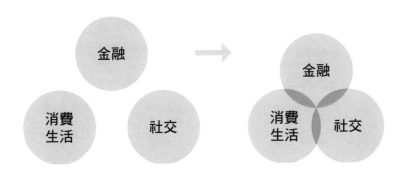

金融數位化

金融與消費生活、社交相對獨立。

數位金融化

金融與消費生活、社交相互融合。

基礎，螞蟻金服又發展出網商銀行（中小企業貸款）、螞蟻達客（群眾募資）、螞蟻花唄及螞蟻借唄（個人借貸）等融資服務。

當互聯網可以整合消費者的金融、社交、消費，做到個人融資服務，已是一種數位金融化的生活。這也讓我突然很想到附近的銀行分行走一走，因為不久的將來，我們可能要向下一代說，很久很久以前，這裡存在一個古老的行業，那個行業，叫做「分行」。為什麼這麼說呢？因為，「數位金融化」與「金融數位化」是完全不一樣的。前者是「數位生活」，強調的是生活，是一種「互聯網＋生活＋金融……」的思維；而後者則是「金融交易」，強調的是交易，是一種「金融業＋互聯網工具」的思維。

「數位生活」強調交易成本,「金融交易」重視營運成本。根據20╱80法則,企業80%的獲利來自於20%的客戶,但在數位環境卻非如此,數位化的服務交易成本極低,那些銀行不想理會的小微市場,積少成多,反而成為數位金融的主要市場。專做銀行不想做與不能做的市場,將成為數位金融革命的第一槍,之後再反撲主流市場。當互聯網業者所看到的,是行動支付後面的數位生活,以及數位生活所產生的大數據,而金融業看待行動支付,只是把錢從a移到b的金融交易時,基於互聯網的新金融革命已然開始。支付、儲值、大數據、虛擬貨幣,這4大金融服務的運作和思維將被全面革新。

互聯網金融的四大革命

　　台灣目前有四種主要的支付方式:

(1)電子支付:可以綁定信用卡帳戶與儲值的方式,從事代收、代付與簡單轉帳的功能,如歐付寶。

(2)行動支付:當作銀行信用卡的載具,或是建立獨立的信用卡收單平台,使用現有信用卡支付系統,如Apple pay。

(3)電子憑證:可以儲值,但不可以轉帳,如悠遊卡。

(4)第三方支付:只可以代收、代付、買方先付錢給第三方業者,

互聯網金融的四大革命：支付、儲值、大數據、虛擬貨幣

- ·身分識別
- ·社交媒體帳號
- ·金融支付工具
- ·自然人憑證
- ·刷臉

- ·小額理財
- ·小額信貸
- ·賒帳交易
- ·群眾募資

- ·貨幣
- ·比特幣
- ·蘋果幣

- ·資料
- ·輿情分析
- ·江河運算
- ·電子商務服務業

支付　儲值　虛擬貨幣　大數據

等買方收到貨品後，第三方業者才會將貨款支付給賣方。

　　支付後會有產生小額儲值，而且交易成本很低，進一步會產生。接下來，儲值就會產生小額財富管理、小額個人借貸的。銀行的業務本來主要就在存款（儲值）、理財、保險與借貸。過去，信用卡預借現金是用簡單的信用調查和高額利率來管控風險，但是未來個人信貸靠的是大數據徵信，使得風險控管的成本大幅降低。

　　支付之後也會產生大量的交易數據，於是大數據的應用成為數位金融業的新能力，這能力包括資料採礦、輿情分析、江河運算3類。資料採礦針對的是結構化的歷史交易資料，輿情分析則

是利用歷史社群非結構化的言論，作為正負評論的聲量監控，而江河運算則是針對即時感知器與物聯網收集的資料，做即時智能化的反應。有了這些個人化金融的大數據，數位金融業也將成為電商的服務商之一。

接下來，虛擬貨幣會開始挑戰傳統金融業。在新金融的架構下，貨幣，將只是一個以物易物的點數。過去遊戲點數與遊戲代幣礙於法令無法跨行跨業，但現在比特幣已開始在真實世界中流通。讓我們想像一下，如果未來蘋果發行蘋果點（Apple Credits），可以用來購買蘋果平台上的商品，也可使用NFC感應式交易，以支付蘋果點的方式購買星巴克咖啡與其他商品服務的話，到時世界貨幣就不會再是「美元」，而是「蘋果點」，如此一來，各國貨幣政策豈不大亂？

當金錢只是個符號或點數，這就給了互聯網業者從事金融業務的機會，也就是現在的FinTech新創企業。但是，過去傳統金融業者已經有一套嚴謹的方法來維持金融安全與秩序，對於FinTech新創企業天馬行空的破壞式創新，讓一向嚴謹的金融業者非常擔心，形成一場哈士奇和狼的戰爭。

哈士奇與狼的戰爭

　　新金融的破壞式創新，可以分為由傳統金融業（銀行）主導的「金融互聯網」，這一方就是哈士奇，他們是文明而富有教養的。另一方是FinTech新創企業主導的「互聯網金融」，他們是狼，不惜使用野蠻的方式以求生存。

　　當一群野蠻的狼衝撞法律，勢必造成哈士奇的騷動。哈士奇有一個特性，就是主人把骨頭（FinTech）一扔，全體哈士奇都會去搶這一根骨頭，這是模仿狼的行為，只不過牠們搶骨頭的目的，不是因為餓了，而是為了好玩，因為他們主要的食物來源，不是這根骨頭，而是主人給的飼料。狼卻不一樣，他們搶骨頭是因為真的餓了。狼為了生存，會聞到血的味道，而這血，就是「帳戶的數量」。接著我就以阿里巴巴為例，述說狼的演化過程。

演化一：由電商帳戶到支付帳戶，得帳戶者得天下

　　大陸電商一開始，因為信用卡不普及，為了求生存，阿里巴巴2004年就發展出代收代付的第三方支付。不過大陸到2010年才頒布「非金融機構支付服務管理辦法」，相繼發了超過數百張第三方支付牌照，不過仍以擁有淘寶用戶數的支付寶獨大。

　　這就是我說的「得帳戶者得天下」，支付的重點不在轉帳，而

在拿到超過8億以上的電商帳戶數，之後微信支付急起直追，靠著它既有的社群媒體帳戶與發紅包策略，得到了另一半的天下。

演化二：支付帳戶到理財帳戶，交易成本降低解構金融業

有了儲值，接下來就是理財。2013年，支付寶與天弘貨幣基金聯合推出「餘額寶」的理財業務，對金融業產生莫大的衝擊。這項衝擊主要來自於互聯網金融的低交易成本，讓1塊錢人民幣也可以投資，因為發行時機（貨幣基金高達7%收益率）與長尾的力量，讓餘額寶推出半年，基金規模就超過整體貨幣基金產業的規模。

存貸款的利差是銀行主要的獲利來源，但是銀行存貸款的利息法律規定了上限，此時與互聯網金融的利率一比，人們的錢都存入了餘額寶，造成銀行業者必須要以更高的利息，向同業拆借市場與貨幣基金借錢，更進一步提升貨幣基金的收益水準。逼得傳統金融業者開始反擊，提升交易成本障礙，譬如限制金融卡轉入餘額寶的金額每次不得超過5千、每日不得超過2萬、每月不得超過5萬人民幣。

此外，傳統金融業者也開始要求餘額寶應該和商業銀行一樣，繳存20%的存款準備金，並取消「提前支取不罰息」的優惠，結果讓餘額寶的一年收益率下降到約1%。所以我認為，這

場戰爭最終哈士奇會贏過狼，因為哈士奇的主人手中，有槍。

演化三：由支付帳戶到生活帳戶：由線上走向線下

線下的人數，總比線上多。2014 年，這群線上的狼，開始大舉往線下進攻。2014年，阿里巴巴與騰訊在兩個月之內，彼此競賽，花了超過15億人民幣作為乘車補助。乘客每坐一次計程車，快的打車補助13元人民幣，滴滴打車補助12元人民幣，但如果補助大於車資，乘客必須要用手機支付寶或手機微信支付1分錢。意圖是利用搭小黃的補貼，擴大行動支付帳戶數。

微信搶紅包也是，如果你沒有綁定行動支付，系統通常會讓你搶到大紅包，以刺激你使用行動支付。我自己就是搶到了200人民幣的大紅包，為了支領，才綁定金融卡的。此外，阿里巴巴推出口碑網，連台灣的寧夏夜市也成為獲取帳戶的目標。這場得帳戶者得天下的戰爭，正式由線上電商，走入線下的各行各業。

演化四：支付帳戶到大數據帳戶，P2P的基礎建設

陌生人可以信嗎？網路是一個P2P（個人對個人）的世界，要管理彼此陌生的P（個人），靠的是大數據。2015年，支付寶推出了芝麻信用分數，資料科學家收集來自政府、金融機構、電商平台、支付工具的數據，依照「信用歷史」、「行為偏好」、

「履約能力」、「身分特質」、「人脈關係」5項個人訊息，分析出消費者個人350至950間的信用分數，600分以下，就是信用不良。我相信，當此項基礎建設建立之後，新金融將面臨的挑戰將是P2P借貸的商業模式，以及去中心化的區塊鏈技術。

個人化金融與群眾募資

四次演化，我們可以看到哈士奇是被豢養的，已經失去狼性，而狼是放養的，野性尚存。所以，幾乎所有破壞式創新一開始都違法。當初網商違法不開發票；現在Uber違法，因為司機沒有職業牌照；Airbnb也違法，因為房東不繳稅；互聯網金融也違法，因為金融業是一個被強制監理的業務。但是我們到底是要用過去的法律，規範破壞式創新的未來，還是要修改法律來幫助破壞式創新步入正軌，普惠更多人？

贏在細節、輸在格局。新金融的意義，不只是規範個人化金融的流程細節，更要看到互聯網金融所帶來的大格局改變。

在新金融的世界中，借貸與監管的責任有一種「去中心化」的趨勢。在P2P借貸平台中，我知道是誰借了我的錢，也知道他的信用評等，如果借款對象信用較差，我就有可能賺到較高的利息，因為信息對稱，我也知道多少存款利息是合理的。更重要的

互聯網金融的四次演化：得帳戶得天下

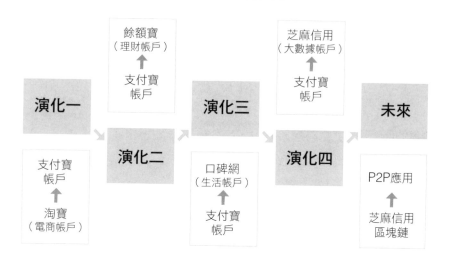

是，未來將整合你所有個人化金融與網上行為的大數據，計算出你個人化的信用分數，如果信用分數太低，例如芝麻信用分數低於600分，你不只借不到錢，也會在網路上交不到朋友、找不到工作、租不到房子、叫不到計程車、訂不到餐⋯⋯。

當信用透明化成為人們網上交易的最大資產，我不願意因為小額詐欺而嚴重損及我的信用分數，這種P2P借貸的詐欺吸金風險將會降到最低。**去中心化的大數據信用分數將是新金融的基礎建設，進而衍生出互聯網融資、網路個人借貸平台（P2P）、智能理財機器人等個人化金融服務。**這也是一種C2B的思維，因為我們必須針對C這個消費者有充分的了解之後，才有辦法做到許

多C2B的個人化服務。過去在B2C的商業模式下，需要有一個值得信任的中心（銀行或店家），但在C2B的模式中，需要的是值得信任的客戶，而評判這位客戶是否值得信任，就必須要有大數據。

群眾募資也是一樣，由C這個消費者先提出他的營運構想，認同並信任C的人夠多，就可以聚集資金從事生產或營運。我們可以看到，群眾募資已從公益式的捐贈型群眾募資、預購商品式的回報型群眾募資，漸漸演變到債權型或股權型的群眾募資，也就是從活動、生產，漸漸轉為投資。要降低這些募資企業或平台的投資風險，最終還是得靠以數據為基礎的徵信系統。

只不過，當個人信用擴張、互聯網金融野蠻式生長，已造成P2P借貸平台吸金落跑、虛擬貨幣價格暴起暴落，逐步走向規範化的新金融，現在仍是一場建構承擔風險能力當中的大冒險。

把痛點變商機，線上核貸快 4 倍
玉山銀 》 數位金融先行者

小檔案
玉山銀行數位金融部
成立時間：2015 年第 1 季
人數：140 人
成員背景：IT、數位行銷、社群、風險控制
代表作：e 指可貸
成績單：玉山的信貸案件，4 成來自該平台檔案

　　銀行業已經是數百年老產業，但 FinTech 的發生，讓他們開始正視「想顧客」這回事。主因是，科技將讓金融交易的發生更無所不在，取代者越來越多。在台灣，玉山銀行也正學習用設計思考與觀察，找出消費者的痛點。

數位核貸，玉山省30%成本

　　2015年，玉山先針對一般個人，推出「e指可貸」服務。他們從分行場景裡看到，每次顧客走進分行想要申請信用貸款，填完申請書後總會急切的問，「我可以借多少錢？」行員總制式的回答，「不好意思，我們要先做完徵信調查，可能2到3天後

回覆您。」

「那我的利率可能多少？」

「這也要先做完信用評估後才能回覆。」行員回。

「程序走完我最快什麼時候拿到錢？」顧客再問。

行員則回，「一樣是要等信用評估之後才知道。」

顧客無法在銀行立刻獲得答案，最後只好轉往鄰近的銀行繼續詢問。花時間觀察，體會消費者感受後，「既然他們立刻要3個答案，我們就給，」玉山銀行數位金融事業處數位長李正國說。於是，玉山發展出的信貸平台，讓顧客只要回答18個選擇題，3分鐘內，個人化的額度、利率就立即顯示在螢幕上，而且，有90%的案例最後都會核准。

申請人只要一天內備齊文件給銀行，最快次一個營業日，就能拿到資金，作業時間是過去的五分之一，等於快4倍。這是很大的轉變。過去，沒有一家銀行敢把自己評估顧客的指標，放到公開網站，因為要給顧客多少錢，是銀行的權利，怎麼能讓顧客知道銀行究竟怎麼評估的。而銀行個人金融部門更不安的，還有，「怎麼可以沒有經人工審閱和判斷就核發資金？」因此，即使推出了線上數位信貸，頭一年，玉山仍雙軌並進，每一筆線上申請的案子，也要讓核貸人員審閱。最後，他們發現，每一筆由電腦做出的顧客信用評分，都和人工逐筆判斷的結果一樣，李正

國用實證結果說服個金部門,「交由電腦來核貸後,人力就能放在更需要人工去判斷的案子。」

現在,玉山的信貸案件,已有4成來自e指可貸平台。玉山一年信貸金額超過900億元,和過去處理貸款所需的昂貴人力相比,平台幫銀行節省了30%的成本。上線兩年多,透過e指可貸撥款的案子,呆帳率比人工審閱還低。負責玉山銀的數位申貸平台的,是由數位金融長李正國帶領一群平均年齡35歲以下人才共同開發,解決了消費者「貸款恐懼症」的困擾,其信貸業務量近年來都穩定維持比前10大同業平均值,高出一倍水準。

人工徵審慢,大數據徵信把痛點變商機

為何信貸模型工廠能打造出新藍海?其優勢之一是:運用「大數據徵信」的科技力,分析客戶在臉書或其他網路平台上的公開發言、交友狀況,做為建置徵信資料庫的根基。這個做法完全跳脫傳統金融業者窠臼。金融業對一般民眾進行徵信時,最常仰賴的就是對方提供的職業、薪資水準等資料;二是聯合徵信中心的借貸和還款紀錄。

問題來了:要取得聯徵中心的資料,前提是對方必須借過錢,但從未借過錢的人就不會有紀錄留在聯徵中心了。即使參考

對方個資，但萬一其服務單位、職銜或薪資水準不甚吸引人，借貸不成的機率仍然偏高，偏偏這種人占了大多數。換言之，僅透過這些資料做徵信判斷，太過局限，容易錯失合適的客戶。面對這些「信用空白」的眾多客群，玉山銀透過長期累積的數位創新力，打入臉書、BBS等網路平台來開發。

擴大徵信範圍，看按讚數開發信用空白戶

根據統計，國人的臉書用戶數多達1千7百萬戶，占總人口數的74％，在亞太國家中排名居冠；平均一天上臉書17次左右，使用頻率相當高。李正國指出，在客戶同意且臉書內容公開的前提下，透過程式碼進行爬文、搜尋後可發現：通常一個人的朋友人數越多，信用狀況越好；若發表一則動態後的按讚人數越多，代表其活躍度越高，通常是能力越受肯定或社經地位越高的人，這種人就可能是潛在客群。

一個人在臉書上分享的購物、用餐相關資訊，也在玉山銀的大數據分析範圍內。李正國舉例，若客戶常在臉書分享歐洲旅途照片，或在東方文華等五星級飯店享用一客上萬元的餐點，即使沒有借款紀錄可參考，亦足以推斷其社經地位和經濟能力應在中等之上，正常情況下，其信用狀況和還款能力相對良好。

另外，如果客戶在申報條件中的職業欄中指出自己是台積電工程師，銀行亦可透過程式碼彙整客戶的交友圈和發言來印證，比方說其好友中是否有一定比例的工程師、貼文和回文有工程師相關討論串等等。凡走過必留下痕跡，倘若某位顧客與銀行沒有借貸往來的紀錄，但多次打電話到客服系統，詢問自己的卡費繳交狀況，理應是對於自己的信用紀錄和相關權益相對審慎者，公司可以透過大數據來抓出這群人，並列為優先借款的對象。

辨識償債力更準，潛在客多三成

因為玉山銀比其他人更能精準辨識顧客的償債能力，故衍生出信貸模型工廠另一項優勢：在一般銀行拒絕放款的客群中，找到超過30％違約風險相對低、適合放貸的對象，進而帶動信貸業務量。歷經2005年雙卡風暴後，銀行業雖然更慎選客戶，但也錯失更多潛在客群。玉山銀內部統計指出，2006到2009年期間所有申貸案中，超過63％都被拒絕。玉山銀交叉比對公司和聯徵中心的資料後發現：這63％遭拒的客群之中，有將近32％到其他銀行借貸後，仍正常繳款，並未違約，玉山銀透過信貸工廠模型的機制，找出這群先前因人工徵審過於謹慎保守而錯失的客群，讓他們成為公司的放貸客戶之一。

劉先生的故事，正是一例。原先他是一家手搖式飲料店的老闆，但在金融海嘯期間，受到景氣低迷所致，店面經營不善、被迫結束營業，也幾度繳不出信用卡費，淪為卡奴。幾經波折後，劉先生終於轉職成功，在一間中小企業擔任技術員。最近在就讀高中及幼稚園的孩子開學前，欲申請信貸來繳學費，但詢問數家銀行後，因為先前紀錄不佳，通通遭拒。玉山銀經過內部系統評估後發現，其實他現在收入穩定，還款無虞，故准予核貸。這一年來，他也每月按時還款。

　　像劉先生這種「前卡奴」，在一般銀行眼中屬於高違約風險群，在玉山銀眼中卻成了新客戶。根據玉山銀統計，聯徵中心的資料貢獻內部信用評估作業來源約70％，個人提供的資料約20％，數位平台則來到10％。李正國估計，數位平台的貢獻度會續創新高。

　　如果說，上至富商巨賈、下至月薪22K小資族，銀行端都能透過後台的數位運算技術，提供一樣迅速、方便的服務，不會再有大小眼的差別待遇，就能落實一般人最期待數位金融帶來的「普惠金融」之精神。

本文出自《商業周刊》1534、1512**期**

台灣經驗，孵出李嘉誠也青睞的微金融
我來貸 》兩岸最大 P2P 借貸網

小檔案
成立：2013 年
創辦人：龍沛智
主要業務：網路借貸平台，提供小額信貸給大學生、社會新鮮人
投資者：李嘉誠、紅衫資本、馬來西亞主權基金、ING 銀行、廣東省政府

在「網路上借錢給大學生」，竟然能夠得到亞洲富豪李嘉誠、馬來西亞國家主權基金與荷蘭最大金融集團 ING 等青睞，憑著這個概念獲得人民幣 10 億元（約合新台幣 51 億元）的投資。這家公司叫「我來貸」（WeLab），一個直白到近乎市井的名字。2013 年在香港成立，短短 3 年已有超過 250 萬活躍用戶，申請貸款金額逾人民幣 100 億元（約合新台幣 515 億元）。這個數字，比成立 12 年、英國最大網路借貸公司 Zopa 還要高。

2015 年堪稱中國互聯網金融災難性的一年，因為經濟成長趨緩，銀行不良貸款率飆升，壞帳連連爆發。根據官方統計，當年度全中國逾 3 千 6 百家 P2P（Peer-to-Peer，點對點）網路借貸公司中，有一千多家倒閉，平均每天倒掉 3 家，爆雷率高達三分之一，呆帳金額高達人民幣 150 億元（約合新台幣 772 億元）。

WeLab不僅沒有掃到颱風尾，業務量反而逆勢增長，還吸引了政府基金、大型銀行等投資者搶著入股，創下中國互聯網金融新創公司B輪融資的新高紀錄。

台灣金融業出身，找出傳統銀行借貸困境

有趣的是，WeLab在香港成立，做中國市場的生意，卻是靠台灣經驗成為現在被《富比世》（*Forbes*）雜誌評估為市值上看10億美元的FinTech公司。WeLab創辦人暨執行長龍沛智雖是香港人，但曾任台灣花旗信用卡行銷主管，隸屬花旗銀行董事長管國霖麾下。於2006年，在台灣帶領團隊經歷過卡債風暴與金融海嘯；WeLab中國區總經理陳俊仁是道地台灣人，歷任VISA大中華區暨台灣區總經理、中信銀支付金融處處長。

這兩人，都不是矽谷理工背景的小夥子，而是台灣銀行界外商、本土兩大信用卡龍頭的高階主管。他們在台灣信用卡市場的經驗，深知傳統金融的商品設計與缺陷所在，以此為根柢，再想辦法用網路科技解決，與一般FinTech新創公司從科技切入金融完全不同。WeLab能夠獲得主權基金的青睞，更在於其銀行背景，而走出不同於一般主流FinTech公司想要取代銀行的思維。

一位馬來西亞主權基金人士分析，太多FinTech公司只想

憑著網路概念就創業，門檻其實很低，而WeLab選擇與銀行合作，「解決銀行解決不了的問題，才有存在與成功的價值。」

從銀行出身的龍沛智接受《商業周刊》專訪時說，每個人進入社會上班，都會開設銀行帳戶，銀行已經擁有上千萬人的客戶資料，要跟銀行搶客戶，基本上是難如登天。因此，「WeLab不跟銀行搶客戶，我們的客戶是一般銀行接觸不到、沒有信用資料的大學生。」陳俊仁說，這群客層沒有薪資紀錄，在聯徵中心沒有信用資料，基本上是銀行接觸不到、也不敢放款的人。

大數據算信評，三分鐘填資料一天內放款

「借貸最困難的地方，就是10個人坐在你的面前，裡面有好人、也有壞人，但你不知道誰是會還錢的那個人，」龍沛智說。WeLab的能耐，就是擁有一個獨門武器：一套能用大數據模型，計算出貸款者還款能力的信用評分機制。傳統銀行做法，是要求貸款者填寫一堆書面問卷，調閱其身家背景、職業、財力證明、信用紀錄、聯徵資料等，並經過多次面談，據此判定放款與否及金額大小。不僅曠日廢時，收集到的資料，也未必能證明借款者的還款能力。

舉例來說，一個在士林夜市賣雞排的攤販，他可能連國中都

3種個人借貸放款模式比較

一般傳統銀行	WeLab	中國P2P業者
主要放款對象： 企業、有信用基礎的個人。	主要放款對象： 大學生、社會新鮮人。	主要放款對象： 所有人。
呆帳率： 1%~2%。	呆帳率： 0.5% (風險最低)。	呆帳率： 30%以上。
審核時間： 1週以上。	審核時間： 1天之內 (最快)。	審核時間： 3天以上。
40%~50%。	20%以下。	70%以上。
10~16%。	24%。	28%~60%。

註：費用率指借貸者需要支付的手續費、服務費、利息等總費用占借款額度的比率。
資料來源：中國互聯網金融行業協會、WeLab。

沒有畢業，從未有過正職工作，做生意都是用現金，沒有信用往來紀錄或報稅資料。即使月收入超過30萬，擁有優良的還款能力，一般銀行還是不願意借錢給他。P2P的興起，正是要解決這個問題。業者在網路上架設平台，把有錢的人與缺錢的人抓在一起，雖然省去銀行繁複的手續，也能觸及到更多族群，徵信流程卻如同民間借款般粗糙。有的平台只要求上傳照片、資料，卻無法驗證借貸者的真實性，更多是連擔保都不做，要求雙方風險自負。這就造成了整體弊端叢生，甚至讓P2P金融淪為洗錢、非法吸金的代名詞，中國這波倒閉潮正反映了這個狀況。

WeLab剛好能彌補這兩種方式的缺陷，它不需要調閱一堆聯徵紀錄，借貸者只要花3分鐘填完基本資料，一天內就能完成審核，即時提領現金。關鍵，就在它取得的資料。借貸者下載App的同時，必須同意授權給程式抓取手機內部各種資料，例如通訊錄、簡訊內容、社交網站訊息紀錄等。

用通訊錄、簡訊判斷還款力

陳俊仁解釋，該公司研發出的程式，會自動交叉比對資料相互間的真實性，最後算出一個信用評等分數，作為放款與否及金額大小的判斷依據。WeLab還能從手機裡的通話紀錄、簡訊內

容，分析出借貸者的信用評等。手機中如果經常接到DVD出租店的電話、電話費催繳等簡訊，分數當然不可能高；反之，若從無相關訊息，「代表他借東西都會準時還，費用會準時繳，信用當然好囉，」龍沛智說。

透過這種用程式解讀大量非結構化數據的方式，WeLab大幅降低了借貸風險。龍沛智表示，不僅至今尚未出現被詐欺的案件，呆帳率低到僅0.5％，比一般銀行的1至2％好上許多。之所以能有這種準確度，是龍沛智與其團隊花了一年的時間，分析兩億多筆大數據的結果。「我們把借錢這件事，拆解成許多細小環節，一個個用數據去對應、定義、分析，這是一般銀行做不到的，」龍沛智說。

不搶銀行生意，專攻大學生、菜鳥族群

相較於一般FinTech業者想要取代銀行，WeLab反而與銀行合作，從銀行端取得資金來源，再放款給大學生與社會新鮮人等沒有聯徵紀錄的族群，等於是幫銀行開拓了新客源，包含ING、北京郵儲銀行等都是他們的合作夥伴。目前WeLab最高貸款額度是人民幣2萬元，期限最長為一年。「我們抓的是長尾後面小額，但大量的那一端，不去跟銀行搶企業或大客戶的生

意，」陳俊仁說。

「他們在進行的是一場革命，完全顛覆傳統的風險評估方式！」在風控領域深耕20年的勤業眾信風險諮詢總經理萬幼筠，看到WeLab模式時驚呼：「銀行業者多年來想做卻做不到的事情，他們做到了！」萬幼筠觀察，WeLab走的是像螞蟻金服、微眾銀行那樣小額大量的路線。雖然無法確認其大數據計算模型，是否真的這麼厲害，但就目前的成績看來：「這幾乎是去跟銀行要錢，借給一群一定會還的人，這生意太好做了！」

當美國、英國與中國的金融科技創業蔚為風潮，台灣也正式成立金融科技辦公室，相關法規陸續開放，WeLab的成功模式或許能給台灣的金融業者不少借鏡。

本文出自《商業周刊》1472**期**

個人金融／創新案例 28

宅男部隊，搶走銀行 120 億換匯生意
TransferWise 》全球第一個 P2P 換匯平台

小檔案

成立：2010 年

創辦人：辛里克斯（Taavet Hnrikus）

主要服務：全球第一個點對點換匯平台

成績單：人數不到 1 間銀行分行規模，
　　　　卻 1 年經手全球 19 種幣別、新台幣 120 億的換匯業務

　　金融服務業為英國創造了超過 200 萬個工作機會，光是一平方公里大的倫敦金融城裡，就有超過二千五百家公司依此為生。但這些穿著訂製西裝的銀行家們，可能沒料到自己的工作正受到威脅。而敵人，不過三個地鐵站之遙。

　　塗鴉、褪色的油漆和磚牆上的綠草，這裡是曾淪為治安死角的東倫敦，三千多支創業團隊以此為基地，「進攻」著各個產業；金融業，是其中最受矚目的「受害者」。

　　我們走進了一棟名為「茶樓」（The Tea Building）的建築，拜訪 TransferWise，這是全球第一個「點對點換匯」（Peer to Peer Lending）平台。透過這個平台，人們直接上網就可以跨國換匯，不再需要透過銀行。

點對點換匯，免高額手續費

這種新服務，就是把「點對點」（P2P）技術用在金融交易（如換匯、融資等）上，利用網路使用群（Peers）間交換資訊的網際網路體系，便能進行資金借貸、外匯買賣。這是「科技宅男最強力復仇！」，《經濟學人》形容。過去三年，這群宅男們讓「點對點融資」的金額成長了30倍，他們「正在單挑那些大到不能倒的金融巨獸！」

我們見到了這群宅男的首領：辛里克斯（Taavet Hinrikus），聽他談與巨獸的對戰。當時29歲的他，和好友因為長年離開家鄉愛沙尼亞在他國工作，在英鎊和歐元之間的轉換，「每次匯款，我的錢就少5％，很悶。」不願忍受虧損，領歐元薪資的他和在倫敦工作的好友講好，每個月，他將歐元匯進好友帳戶，替他償還貸款，好友則將等值英鎊，匯回辛里克斯的英國帳戶。

TransferWise的平台雛形於焉誕生。「你想想倫敦有多少外國白領在這？」曾是Skype第一號員工的辛里克斯，認定這個模式的市場潛力，和好友帶著新台幣250萬元的創業金，開始了TransferWise。「我們其實就是讓換匯服務更快、更便宜、更透明！」現在，一個德國人透過TransferWise，將英鎊1千元轉回家鄉，手續費只有英鎊4.5元，僅一般商業銀行的10％。

鎖定旅外白領，靠社群試用再修正

　　但一開始，這個只有250萬元的創業本錢，辦公室牆上還隱約看見過去作為茶葉倉庫、培根工廠的痕跡，要如何讓人將錢交給他們？「信任是我們最大的關卡，」辛里克斯說。銀行靠的是龐大的金融資產和百年信譽，TransferWise必須靠「社群力量」。他們鎖定各國旅外的白領階級，一一拜訪這些社群，用優惠邀請他們試用，再靠著回饋意見修正，請他們上網提供心得。於是，在英國最大第三方評測網站Trustpilot上，TransferWise擁有5顆星的評價、排名線上金融服務中的第5，而PayPal只有3顆星不到，連前20名都沒排上。沒有廣告預算，靠著口耳相傳，TransferWise每月營收以20%到30%的速度成長，平均每次匯款金額超過英鎊1,500元（約合新台幣7萬1千元）。

兩年取得政府背書的認證服務

　　取得消費者信任後，下一關是政府認可。他們以超過兩年時間，與英國金融市場行為監管局（FCA）密切合作，修改內部系統，請政府為他們提供認證服務。至今TransferWise的員工人數僅35人，比一間銀行分行行員還少，但經手的匯款

總額卻逾英鎊2億5千萬元（約合新台幣120億元），提供19種幣別的服務。2013年可望比前一年再成長10倍，亮眼表現讓TransferWise成為臉書早期投資人、PayPal創辦人錫爾（Peter Thiel）在歐洲的第一樁投資案，第一輪募資就拿到600萬美元（約合新台幣1億8千萬元）。

但既不收較高的手續費，也不靠著資產操作賺錢，TransferWise如何永續生存？「就像亞馬遜（Amazon）對出版業做的那樣，」辛里克斯說，他們和銀行思維不同，不用高薪聘請菁英研發各種衍生性金融商品，也不想著運作金融資產獲利，替自己省了許多成本、避開風險。

「我們就能繼續追求更便宜、更好的服務，這樣就不怕被淘汰了，」辛里克斯說，他們運用大量電腦運算法，隨時處理資料，等於養了一批不下班的銀行行員，點開TransferWise網頁，甚至能隨時看見各種幣別的進出狀況。

TransferWise雖然尚未損益兩平，但辛里克斯認為，薄利多銷，獲利是遲早的。「當時也沒人看好Skype，但它現在占了國際長途電話3成以上市場！」他信心十足的說。被視為第一波金融創新服務的TransferWise，讓保守金融業都動了起來。由14家國際金融機構共同出資的FinTech Innovation Lab計畫，提供空間、食物、資金，要養這些小蜜蜂創業家們。

巴克萊銀行技術長克拉比（Shaygan Kheradpir）坦承，「金融服務中科技的角色越來越重，只有新科技才能提供我們客戶要的那些最新服務。」從一場實驗到整個金融業創新，這場創業之旅仍持續中，且規模越來越大。或許下次，當我們發現制度中的「不合理現象」時，正是一個前所未有的縫隙商機？

本文出自《商業周刊》1359期

個人金融／創新案例 29

電腦投資更準？索羅斯之子認輸辭職
演算法震撼金融業 》AI 理財系統

小檔案

「我能生存，是因為我肯認錯。」金融大鱷索羅斯（George Soros）曾如
是說。他的長子羅伯特（Robert），日前辭去家族管理基金總裁一職，理由
是電腦投資更準。這除了實踐其父認錯哲學外，亦為「人腦 vs. 電腦」論
戰再添一筆。

　　索羅斯有 5 名孩子，他退休後將其家族基金（Soros Fund
Management）交由長子羅伯特打理，日前羅伯特辭去該基金
總裁及主席，並宣布未來將轉型為提供客製化投資策略，但更引
人注目的是他將淡出總體交易（macro bets）。預測總體事件並
押注 ── 如過去做空英鎊、狙擊港幣等，皆索羅斯成名作。不
過羅伯特掌管的索羅斯家族基金，近來已逐漸淡出總體交易，理
由是投資機會「乏善可陳」，原因就在電腦自動化交易。羅伯特
稱「電腦模型預測越準，越難創造超額報酬。」

　　羅伯特之言反映出投資界的趨勢：目前對沖基金有三
分之一交易是用演算法完成，全球最大資產管理公司貝萊德
（BlackRock）、全球最大對沖基金橋水（Bridgewater）、華

爾街龍頭之一 —— 摩根大通等，都引入演算法及自動化交易，2017年6月《經濟學人》稱電腦投資「已開始震撼金融界」。

過去電腦做的是「勞力」工作，例如2016年6月，摩根大通安裝一個軟體，號稱每秒能處理1萬2千份商業貸款合約，若要人工審查這些合約，須耗掉律師及貸款專員36萬個小時。但如今電腦已可「勞心」，如高盛的量化交易部門，利用電腦演算法的語言處理技術，讀遍分析師寫的上萬份公司財務報告，根據其內容的「正面」與「負面」文字數量對比，編製出「情緒指數」，並以此來擇股。

這類電腦投資乃是「機器學習」（ML，Machine Learning），它是人工智慧的一種，過去應用在電子商務，從龐大數據裡找出客戶偏好，如今被投資界用來從數百個市場裡找出趨勢，反觀人腦一次只能處理幾個市場。諮詢機構Opimas預估，2025年華爾街從資產管理到證券交易各部門，總計將減少23萬個工作機會，科技與資料處理的工作卻逆勢成長。以電腦投資的對沖基金，6年來年度報酬率是傳統對沖基金近兩倍。

失敗率跟投資風險高，無法完全取代人力

雖然電腦投資是大勢所趨，但也不乏質疑聲音，一是技術上

失敗率高。近年來對沖基金報酬低迷，視機器學習為救命草。然而他們實際行動後發現，從雇用電腦科學家，到開發、測試、上線交易，不只要花數年時間，還須忍受極高的失敗率。分析師佛洛勒（Martin Froehler）對彭博新聞網稱，機器學習會以無數種人類料想不到的方式出錯，其失敗率高達90%。

技術出身的專家亦有疑慮，量化交易基金Two Sigma創辦人西格爾（David Siegel），乃是電腦科學博士，他稱人們對電腦投資有太多不切實際的想像，「機器學習很容易以極高的可能性出錯。」另一位量化交易基金創辦人格林（Douglas Greenig），他是數學博士，稱近來電腦投資的預言「大部分都是嘴炮」，他認為這些言論65%是行銷伎倆，「只有35%是真材實料。」

第二種質疑來自投資風險。「新債王」岡德拉克（Jeffrey Gundlach）就說「我根本不相信電腦能取代人腦投資。」他認為電腦演算使每個人的投資組合都一樣，「這代表當他們決定要賣出，市場就崩盤了。」

對沖基金元盛（Winton）執行長哈定（David Harding），本人擁有物理學位，他認為對沖基金評估資產風險，須仰賴大規模運算，這類任務就適合用電腦完成，「但電腦離自己做決定還很遙遠，完全不需要人腦是不可能的。」

對沖基金界，AI投資派勝出

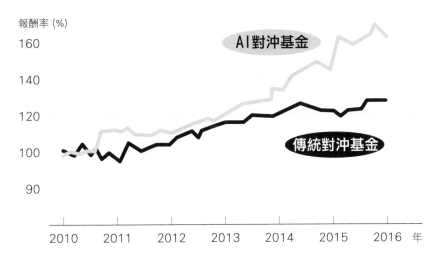

報酬率 (%)

AI對沖基金

傳統對沖基金

160

140

120

100

90

2010　2011　2012　2013　2014　2015　2016　年

決定勝出者，會是成本效益

華爾街龍頭之一的摩根大通（JP Morgan），近年來減少交易員，增雇電腦工程師，但其執行長戴蒙（Jamie Dimon）說，電腦化不代表將裁員 —— 至2017年3月底止，摩根大通員工數反較去年增4%。戴蒙認為未來20年公司員工數只升不降，人們對電腦取代人腦的擔心「反應過度」。

電腦能否取代人腦，取決於經濟學法則：任何生產要素在邊際上皆可替代，電腦化程度越高，增加的邊際價值越低，此時改聘人腦就相對划算。因此一些技術專家說，人工智慧未來完全取

代人工，經濟學與現實都否決這種說法。

　　事實上電腦vs.人腦，就和史上無數次機器與勞力的關係一樣，決定勝出者不是技術，而是成本效益。從汽車vs.馬車、電郵vs..寄信，到如今電腦vs.人腦。對人們來說，想不被取代，只有設法使自己變得比電腦更有利，這才是電腦投資風潮下最可靠的自保之道。

本文出自《商業周刊》1547**期**

兩階段，有效管理P2P個人借貸

　　P2P借貸是否有吸金風險？當然有。假設盧教授向你借3千元，年利率5%，你借不借？如果有10萬人願意借3千元給我，我就能輕易借到3億元，但我只抵押了我的信用。如果有一天我不還你，你損失了3千元，可能摸摸鼻子也就算了。

　　所以，P2P借貸可不可怕？當然可怕。但是風險應該是用來管理的，如果只是一昧規避，就是少做少錯、不做不錯，停滯不前的舊思維。所以，我建議金管會首先應該先開放P2P借貸服務給向銀行借不到錢的族群；FinTech業者也要先做銀行不做的業務與小微需求，成功機率才會高。

　　其次，風險必須要管控。美國的P2P借貸平台鼻祖 —— Lending Club只允許最多借3萬5千美金（約合新台幣106萬元），同時把信用評等分做A-G x 5的35個等級，依照等級，利息約在6%-26%之間。因為台灣借貸利率依據民法205條規定要在15%以下，所以借貸對象的信用評等不能太差，此時大數據徵信系統的建立就更為重要。

兩度刷新中國群募紀錄
小牛 》智慧電動機車商

小檔案

成立：2015 年

共同創辦人兼執行長：李一男

營運長：李彥

主要產品：智慧電動機車

成績單：2015 年營收約新台幣 7 億元（估）

　　就在智慧電動機車 Gogoro 與博世（Bosch）集團合作，於柏林推出電動機車租借計畫，作為歐洲市場前哨站後，2016 年 10 月起，德國消費者也能買到被美國科技媒體《快公司》（*Fast Company*）選為 2015 年「中國十大最具創新力企業」的智慧電動機車「小牛」。

　　原先在中國與台灣井水不犯河水的兩品牌，將在歐洲交鋒。2015 年中「橫空出世」的小牛電動車，就在中國群眾募資平台京東眾籌上募得人民幣 7 千 2 百萬元（約合新台幣 3 億 4 千萬元），打破當時中國的群眾募資紀錄。

　　即使歷經創辦人兼執行長李一男涉及內線交易，甚至傳出車子煞車時可能導致事故；2016 年 5 月，最新一代小牛在眾募平

台上，仍募得約人民幣8千1百70萬元（約合新台幣3億8千5
百萬元），再度刷新紀錄。

挖出全新客群！讓中國龍頭雅迪搶跟進

能在網路世代取得成功，牛電科技營運長李彥接受《商業周
刊》專訪表示，關鍵是小牛滿足中國都會青年的通勤需求，開拓
出藍海，「我們的用戶近6成是第一次騎兩輪電動車，這比銷量
更關鍵。」的確，單以量而論，小牛至今3款產品累計銷量約13
萬輛，僅是中國傳統電動機車龍頭雅迪年銷量的4％；但以質來
看，小牛卻改變了市場，定位出新客群。

過去，中國電動車多瞄準鄉村或二、三線城市居民、都會的
外送員、打工族等；直到小牛主打智慧防盜、數據連網，並用重
量較輕的鋰電池，解決過去鉛酸電池動輒30公斤，難提上大樓
住家充電等問題，才拓展出20至30歲的都會青年市場。李彥表
示，這些新設計和服務，並非傳統電動車廠做不到，而是因過去
電動車廠是瞄準從自行車升級到兩輪電動車的族群，「這些族群
較少年輕人，他沒必要解決這些問題。」

之後，中國傳統電動車龍頭雅迪、愛瑪等品牌紛紛跟進，推
出主打智慧連網、鋰電池等規格的智慧電動車，搶攻都會青年。

有後進者跟進，代表小牛的眼光沒錯，但「機車的本質還是交通工具，小牛雖有智慧應用，但有硬體實力的廠商追上很快，且這些人原來就有綿密的銷售網絡，這是小牛沒有的，」在中國布建電動機車換電站的易能電網總經理王章平觀察。

李彥也坦承，目前電動車產業並不存在真正的技術門檻，而是小牛自豪的「使用者體驗」。「其他人可一點一點把這些抄上來，沒有問題。」他認為，小牛優勢是企業思維與文化比傳統電動車廠貼近網路，能更快回應使用者需求，成為規格制定者，進而塑造使用者對品牌的認同。

跟Gogoro競爭？小牛：兩者做的事沒重複

「我們這13萬『牛油』（小牛之友），騎『小牛』是很自豪的，這感覺，不是另一個品牌出個產品就可搶走的。」但接下來問題是，瞄準中國都會青年的特性，將來面對海外Gogoro等競爭者，還能持續優勢嗎？

小牛訂下5年後，海外市場銷售比重達2成到3成的目標，以歐洲為首，也有意進軍美國。但在歐洲，不僅德、荷等地都有本土電動車品牌，連分眾更細的智慧電動車，也有Gogoro正面交鋒。在此重圍下，小牛顯得相對保守，不像當初靠群募打響名

氣，迅速在網路建起核心社群，它在德國，僅將產品交由經銷商代理。面對與Gogoro的競爭，李彥更認為不是問題。他指出，歐洲正從汽油機車轉向電動機車，市場仍大，「歐洲市場，只算50cc，一年銷量有70到80萬輛……，我吃不下來，它（指Gogoro）也吃不下，我加它肯定也吃不下。」

Gogoro創辦人陸學森也曾多次強調，公司最終目標是發展能源管理系統，機車只是產品之一。對此，李彥也附和：「如果Gogoro要做安卓（Android平台），我是要做三星（產品），我們沒有重複……，一家公司的基因在一開始就定下來了，我們就是做產品的公司。」

今天的小牛，就像三、四年前的小米手機，善於操作網路、有群死忠粉絲，並打破行業規則，但當行業內每個人都這樣操作後，未來小牛究竟會是坐大的三星，還是成長面臨瓶頸的小米，或許，得比技術創新的硬功夫了。

本文出自《商業周刊》1512期

神祕社群三天團購 120 輛特斯拉
正和島 》兆元級網路人脈俱樂部

小檔案

成立：2012 年

成員：包括阿里巴巴主席馬雲、聯想名譽主席柳傳志、小米總裁雷軍等，
　　　逾 70 家上市公司老闆、3,500 位企業家參與

眾籌部落發起人：澳綽融資租賃總裁　薛靖中

成績單：3 天內成交 120 輛特斯拉（Tesla）電動車，
　　　總價達新台幣 6 億元，成為特斯拉全球最大客戶

　　一個中國神祕商人，用行動網路社群，在 3 天內成交了 120 輛特斯拉（Tesla）電動車，總價達新台幣 6 億元，成了特斯拉全球最大客戶。他吸引買主的訴求，卻是只要花車價的十分之一，就能把一台新台幣 500 萬元的特斯拉開回家。

　　在中國神祕社群「正和島」來台灣的企業家聚會中，這位神祕商人首次現身，他就是澳綽融資租賃總裁薛靖中。「正和島」的成員，包括中國首富等級的阿里巴巴主席馬雲、復星集團董事長郭廣昌，及聯想名譽主席柳傳志、小米總裁雷軍等，目前共有逾 70 家上市公司老闆、約有 3 千 5 百位企業家參與，可說是兆元等級的網路人脈社群俱樂部。

　　「靖中他頭腦動得特別厲害，在微信（WeChat）社群發起

團購特斯拉，真的是創舉。」正和島台灣籌辦人、皇冠集團董事長江永雄觀察，薛靖中另發起正和島「眾籌（Crowd Funding）部落」、擔任酋長，超過500位企業家加入，是活躍人物，而他在中國曝紅，靠的是兩個「尖叫產品」。

我們搶的是歡樂！微信紅包遊戲發酵

Tomorrow

第一，他替微信紅包（用微信支付發紅包的服務）創造出接龍的遊戲規則，至少吸引上百萬人參與。「他把微信紅包整個活化起來，」江永雄說，為了搶微信紅包，手都快斷掉，後來結算，搶到人民幣7千多元紅包。光是年初一到初七，用戶發紅包金額，就貢獻騰訊人民幣5千萬元（約合新台幣2億5千萬元），讓行動支付對手的阿里巴巴主席馬雲也跳腳，對外說：「這是一場珍珠港偷襲！」

第四章

其實，薛靖中當初創造微信紅包接龍遊戲，只是一個玩心。年初一時，他發現自己正和島的企業家社群朋友明明很多，玩微信紅包的人卻不多。「有個成語叫『葉公好龍』，意思是說我很喜歡某個東西，但實際上這個東西在你面前的時候，你可能沒感覺，」薛靖中透露。他取了「要就發」的諧音，設計一個紅包198元，並分成15份，讓上百人的群組必須要搶，誰搶到最大

一包，就再發下一個，依序接龍。並且宣稱：「我們發的不是紅包，是態度！我們搶的不是銅板，是歡樂！」

剛開始只在一個群組裡玩，第一天，正和島微信群組有上千人被「席捲」，後來大家把接龍遊戲規則向其他社群複製，幾乎有上萬個微信群開始搶紅包。微信紅包巨大的傳播效益，觸動了薛靖中的敏感神經。「大陸講『尖叫』的產品，」他過去苦思一年，仍找不出如何讓自家傳統消費金融租賃業務使人「尖叫」，現在終於有解答，「我從微信紅包得來的靈感就是，把別人的尖叫產品和自己的結合起來，變成一個新的尖叫產品。」

於是，他又想出眾籌特斯拉電動車的尖叫產品服務。薛靖中解釋，眾籌從字面來看是指籌集眾人資金，實際上他對眾籌的理解還包括籌集大家共同力量、資源甚至智慧。

我們眾籌的是藍天！特斯拉訴求環保爆紅

在中國，一部特斯拉電動車要價約人民幣100萬元，他卻大幅降低擁有該款車的門檻，只要首付人民幣10萬元就可以把車開回家，其他則以分期方式加利息付給他。「等於是讓所有企業家心甘情願跟他借錢，」江永雄觀察。

薛靖中連結中國嚴重霧霾等環保訴求，提出「我們不是眾籌

特斯拉，我們在眾籌藍天！」活動口號，同樣用微信接龍遊戲，在企業家社群發起報名，有意參與者依序從1、2、3、4、5、6往下排。「這就是我們創造的模式，你認可，你才能來。」他補充說，如果你不認可，就不是他的目標用戶。

　　他的策略奏效，從正和島社群開始，逐步擴散到中歐、長江商學院和環保組織阿拉善等中國主流企業家社群，24小時訂單突破200台，48小時則破400台。最終受限特斯拉出貨量，薛靖中在短短3天下訂120輛電動車，不只成了特斯拉最大客戶，也貢獻自家生意人民幣1億2千萬元（約合新台幣6億元）。

　　他用創意，改變了過去透過經銷商拿到汽車租賃生意的傳統價格戰模式，替自己開啟直接面對客戶的全新營運模式。薛靖中的爆紅故事告訴我們，在移動網路商機崛起的新時代，每一個人都可以找到自己起飛的風口。

　　如果這個風口不存在，那就自己去創造一個。

本文出自《商業周刊》1399期

改變資金流動方向的夢想家
貝殼放大 》 全台唯一群募顧問服務

小檔案
成立：2014 年
創辦人：林大涵
成績單：迄今共協助客戶集資 6 億元，累積近 150 個客戶
　　　　獲新浪蔣顯斌、三創郭守正等人挹注種子資金

　　他是一個被退學兩次，被一手參與創立的公司資遣，只有大學肄業證書的 29 歲男生，林大涵。他的學經歷，完全符合台灣主流社會對魯蛇（loser，失敗者）的定義，他的故事，卻將顛覆人們對魯蛇的想像。

　　在被公司開除後的一年，他共同創辦的貝殼放大，為 52 個募資團隊提供群眾募資顧問服務，數量只占 2015 年台灣群募案的十分之一，募集金額卻占總額的 6 成，達到 3 億 5 千萬元。從金馬獎得獎電影《灣生回家》、《太陽的孩子》，台灣自製火箭團隊 ARRC，到在國際市場一舉取得新台幣 6 千萬元支持的 3D 印表機 FLUX，都是他們的客戶。

　　之後，林大涵又多一個頭銜：亞洲前 30 位「改變世界資金流動」的青年，與帶著哈佛、史丹佛大學、摩根史丹利、BCG

管理顧問，甚至矽谷投資人光環的各國青年，一同入圍。這是《富比世》（Forbes）雜誌，首次以「改變世界潛力」為標準，在全亞洲選出各領域30位30歲以下的創業家。「（他們是）在未來5年、10年可能成為下一個比爾‧蓋茲或馬克‧佐伯格的人。」《富比世》亞洲資深網路編輯衛華娜（Rana Wehbe）受訪時說。

迷惘的叛逆少年，教師之子逃學、泡網咖

從魯蛇到可能改變世界的青年，林大涵靠的，是他曾經的一無所有。故事，從他每天打10小時網咖的高二生活開始。以PR值99（國中基測成績高於99%考生）成績直升台北師大附中的他，高二、高三卻是每天以網咖為家的逃學少年。雙親都是老師，但他以不念書作為宣示主導權的方式。

「那只是逃避，逃避沒想過未來的自己，」林大涵和每個高中生一樣，想過社會認可的律師、政治人物、外交官等選項，但除了漂亮的身分職業，卻不知人生最終理想是什麼？叛逆加上沒方向，愛面子的他以「不盲從」作為理由，在蹺課中度過高中。最終考上政治大學民族系，他繼續蹺課。大二下，因為成績太爛而被退學。重考進台灣大學圖資系已是22歲的事，他選擇脫離班上的生活，連續參與兩屆台大藝術季舉辦，想從活動找回自己

的存在感。但「祭典式的氣氛之後，發現自己什麼也不是，」跟他同年的人已開始就讀研究所，他則發現自己的青春將過，卻還在原地打轉。一無所有的焦慮讓他開始尋找「漂亮的外殼，去證明自己不讀書，但還是做了什麼。」

火力全開的實習生，讓太陽花登外媒卻遭資遣

一次實習的機會，成了他的浮木。辦活動的過程，他被當時的雅虎奇摩公關、後來的玖禾公關創辦人周宜蔓招募，成為實習生，大小事都做、開會也跟著出席。「主管用『同事』介紹我的那一刻，我覺得人生好像有一點趕上進度了。」

沒多久，無名小站創辦人林弘全，邀請林大涵加入FlyingV的初始團隊。「感覺好像中大獎，」他回憶。為了這個等待已久的機會，還是學生的他把自己當全職員工，急著在團隊裡面證明價值。他沒技術、沒學歷、不會設計，一個新手要找到位置很有難度，但他和自己約定：「沒人做過的事、沒人想做的事，就是機會」、「我能做的就只有『一直做』。」

足足5個月，過去碰都不碰原文書的他，把所有英文群眾募資網站、新聞報導全都看過，研究各網站的契約條文，在當時大家對群眾募資還陌生時，遊戲規則就在他的研究中有了雛形。

FlyingV早期提案者、後來的鮮乳坊創辦人龔建嘉表示，當時他有如一張白紙般去找林大涵，林大涵替他設定了文案、影片、贊助者的回饋方案等，5萬元的群眾募資目標簡單完成，「後來任何想做群眾募資，或募資不順利的朋友，我都叫他們去找大涵。」創立的第一個月，他不花廣告預算讓臉書粉絲團突破萬人，從找募資案源、剪影片、談業務，甚至是實習生制度的建立，林大涵把FlyingV的存在視作自己的存在。即使在第一批核心團隊因與林弘全理念不合而離開，林大涵仍沉浸在開路的刺激感，正逢第30個募資案得到超過350萬元的支持，他相信這條路能走下去，相信自己能完成夢想。

因為找到奮鬥戰場，即使當時台大學籍被退，林大涵心也沒有痛，甚至肋骨斷裂，他也還在辦公室處理募資案細節。直到2014年6月，當FlyingV因為太陽花《紐時》廣告募資3小時內突破633萬元而聲名大噪，一手打造此案的林大涵，卻接到資遣通知。

被驅離沙場的戰將，海內外聘書找上門

理由，正是他將FlyingV跟自己畫上等號。他會因為主管每週帶公司員工打籃球3次，不巧遇上客戶網站當機、沒人處理，

而寄信要求主管「改善」；他也會為搶下案子，自行決定降低抽成。同時，常常代表公司出外演講、分享群眾募資經驗的林大涵，漸漸在外界眼中，成為公司的代表就連《富比世》的人物介紹，也一度以FlyingV共同創辦人稱他，直到林大涵去函更正。

而當主管只將他定位為產品經理時，這些事情，已經越線。收到資遣通知的當晚，他繼續代表公司出外演講。「那一刻覺得，人生完了，……又被退學了。」林大涵說，當時26歲的他，已經「收集」台大、政大兩次退學經驗，再被資遣，大學肄業的他，不知道能去哪裡。

第三次被「退學」，林大涵本來習慣性的要再次「逃避」，離開群眾募資這個戰場。他被資遣的消息一傳出，43份工作邀請傳來，包括年薪人民幣百萬元的對岸邀約，要離開，相當容易。但FlyingV的4位夥伴接連離職，加上本來想以群眾募資協會傳遞知識的計畫，被熟識的長輩打斷，「協會只是你野心跟遺憾的拼裝車。」逃避的習慣，這次被內心的渴望取代。

林大涵自問自己是不是真的不想再做群眾募資？還是被「退學」的丟臉，讓他不安？「對別人負責很簡單，但對自己負責，很難。」他以「人生中第一次認真付出的事」形容群眾募資，也因為這樣，他不再因為被退學，而逃避。跟老同事一起分析了現況，數字點出了一條新路，一條傳統募資平台走不了的路。

找回初衷的奮鬥者，從單一網站到向全世界提案

　　以2014年前60大募資案為例，他們發現近7成的募資者希望有外包團隊協助規畫執行，再者，7成的募資總額集中在6%的案件，只要他們抓對募資案，即使無法像募資平台網站一年做上數百個募資案，也有機會賺取足夠的顧問費。也因為他們能夠做更深、更完整的服務，台灣群眾募資的規模有機會再衝得更高。但從過去做單一募資網站平台，到帶領提案者到國內外提案的群眾募資顧問，等於從一座港口的經營，到帶領大小船行遍世界的導航系統，挑戰更大、服務成本更高，還必須說服客戶，在被網路平台抽成之外，要再多付一筆給顧問。林大涵憑什麼讓提案者心甘情願「被剝兩層皮」？認識他5年的提案者台灣吧創辦人謝政豪說：「忠誠」。

　　「有時候我自己都會想退縮，他會跟你說不行，」謝政豪說，「一個三年的計畫，只有一個不放棄的人是不夠的。」對做夢者忠誠，這是因為林大涵過去就是個夢想不被認可的人。他用柏拉圖的「理型」形容自己的顧問服務，提案者告訴他目標，他用自身經驗，告訴他提案的最理想形態。雙方的信任便是關鍵。第一次見面前，林大涵與團隊會調查全球募資網站，對同類型的提案，比較成效、消費者反應、媒體相關報導，同時對提案者做

身家調查、優劣勢分析。在第一次見面，就點出對方的問題與機會，贏得信任。「有信任，我們就能任性（企畫）。」

女性用品月光杯提案者莎容企業有限公司品牌總監曾穎凡說，「一個男生那麼了解月光杯的事，我真是被嚇到。」當她帶著公司股東口中「不可能成功」的新產品來找貝殼放大，5分鐘，林大涵就認定月光杯有機會成功，從影片、文案、定價，貝殼放大一手操刀。月光杯幾天內就募到900萬元的支持，不只讓新產品的開發一炮而紅，還預先獲利。「關鍵是讓消費者知道，自己力量雖小，但一次購買可支持一個夢想，改變社會一件事情，」林大涵說。一個月事用品的文案喚起女性對選擇的渴望，消費者寫信告訴曾穎凡，受文案感動，立刻刷卡支持。

和陰影共處的夢想家，小人物也可以改變社會

對夢想忠誠，讓小人物相信自己能改變社會，讓各種提案跟人才都可能實現，林大涵連珠炮般說著募資顧問的核心，其實，說的正是自己過去的追尋。3次「退學」的陰影仍在，林大涵用「蓋沙灘上的沙堡」形容外界羨慕的新路。

桌上，2015台灣百大MVP經理人的獎牌，也沒法解除焦慮。「我們只是在浪頭上，這不代表什麼。」公司第一年就成長

至超過50人，他幾乎睜開眼睛就在工作，假日也在公司。「不累嗎？」我問。「很累，但衝比逃好玩吧！」他說，這一次，逃學少年不轉身逃開而是衝上浪頭，載著提案者在各產業中創造新「理型」、新高度，也證明被退學三次的自己，能走出一條新路。

本文出自《商業周刊》1477期

冷門字型打動全民投資 2,100 萬
justfont》刷新台灣單日募資史

小檔案

成立：2012 年
創辦人：葉俊麟
地位：第一個推出中文網路字型 (web font) 服務的網站
成績單：2015 年金萱字體募資計畫，58 小時達成 2000 萬，
　　　　打破台灣募資平台紀錄

　　你想過，為什麼桃園機場指標是新細明體，各國鈔票上的字，通常是楷體嗎？文字，不只用來溝通，更是美感的表達。2015 年 9 月 8 日上線的「金萱」字型群眾募資案，讓字型的重要性第一次被台灣大眾看見。提案者，是成立 5 年，只有 6 名員工的小公司：「就是字」（justfont）。它所推出的金萱字型，原先預計募資新台幣 150 萬元，卻刷新單日群眾募資紀錄，截至 9 月 14 日已破 2 千 1 百萬元。

　　背後，是一個花五年苦熬，用冷灶燒出一盤好菜的故事。「這件事情（開發字型）原先我們也不打算做，因為是不賺錢的事，但是如果不做就不會有開始。」就是字創辦人葉俊麟說。回到 2000 年，網路泡沫化使十多家台灣字型業者倒閉，剩下文鼎、華康兩家苦撐，把字型打包成大補帖，降價出售，或轉往日

本發展，代工電視、手機系統內嵌字型，逐漸淡出台灣。

「自己的字體自己救」，促使就是字投入本土字體開發。但是，中文不像英文，光常用字就近萬字，不管一點或一撇，只要些微角度不對，就得反覆修改，連直排、橫排，多個字排在一起的距離都得精密計算，一個設計師一天頂多開發10個字，就是字投入4名設計師，整套金萱字型至少2年才能完成，開發成本150萬元起跳。

從生活找話題，粉專瀏覽破八萬

開發字體難度高，是業內人士才能體會的事，但就是字能締造台灣群眾募資新紀錄，代表支持者已是一般大眾。讓習慣買盜版的台灣消費者願意掏錢，很難。就是字卻透過社群深耕小眾市場，把小眾變大眾。「他們最先做的一件事，就是教育使用者。」研究字型近10年的「字嗨」社團發起人柯志杰說。

就是字社群經理蘇煒翔回憶，臉書粉絲專頁「字戀」成立時，即便每天固定分享一篇專業文章，經營了半年，粉絲也才3千多人，「真的差點放棄⋯⋯。」直到一篇「桃園機場用新細明體，有什麼問題？」文章，讓粉絲頁一天瀏覽率達8萬次，是平常百倍以上，他意識到，要引人注意，必須從走入群眾開始。之

後，他從生活中找題材，例如「太陽花學運用的字體」、「捷運指標設計出了哪些問題」，和網友增加互動。3年來，字戀粉絲數逾5萬2千人，養出一群死忠小眾。

出字型書，轟動實體世界

但要擴大影響力，還得結合線下資源。過去就是字靠代理國外字型賺授權費，為了串聯虛擬與現實社群，每個月辦一次免費小聚，邀請國內外設計師演講，從一開始號召親朋好友力挺參加，近3年超過40場活動耕耘，現在幾乎場場爆滿。

積沙成塔，社群力量開始發酵。2014年底，就是字出版《字型散步》一書，介紹生活中常見的各種字型，與其背後典故、使用方式，兩個月銷量破萬本，登上誠品、金石堂藝術類暢銷書冠軍。

「群眾募資，最重要的一定是情感訴求。」蘇煒翔說。而抓住現在台灣社會最需要的自信心，則是就是字所做的最後一步。林大涵觀察，就是字的宣傳文案，「不是跟大家要錢，而是告訴你一件台灣存在已久，卻沒有人注意到，但又很迫切的問題。」先勾起人的好奇心，再凝聚認同，營造只要加入，就能一起完成一件大事的氣氛。引人共鳴，是很多公司在籌資時容易忽略的點。

近10年來各國業者開發的字體

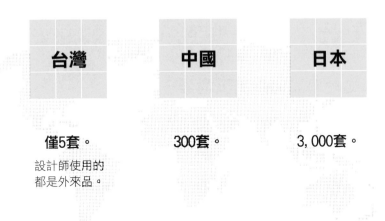

台灣	中國	日本
僅5套。	300套。	3,000套。
設計師使用的都是外來品。		

資料來源：字型散步。

「其實你問：『台灣沒有自己的字型會怎樣嗎？』坦白說，是不會怎樣，但我們就是嚥不下那口氣吧。」蘇煒翔笑著說。就是字的員工，多數不到30歲，卻創造了奇蹟。「原本我們想，最後金額如果有預期的兩倍，300萬就非常好了，沒想到竟然超過（預期）14倍。」林大涵對此仍感到不可思議。

這群年輕人證明了，世上沒有老到不能變的產業，關鍵只在於，你敢不敢正面迎向不可能。

本文出自《商業周刊》1453期

弱連結社會和酋長商務的體現

在新金融裡，C2B精神的體現最早發生在群眾募資，這是因為弱連結管理在互聯網時代下變得容易。舉個例子來説，安心亞的粉絲有200多萬個，如果有一天，安心亞向每一個粉絲發起眾募，借1千元來拍電影，200萬個粉絲每個人借她1千元，她就可以輕易的籌到20億元資金。

這是因為在弱連結社會下，讓我們接觸的人越來越多。但在真實世界上你要管理200萬人很困難，但經由大數據徵信，管理200萬人的借貸關係變得相對簡單。群眾募資就是根基於這樣的模式，所以才從眾募商品，一直發展到眾募投資（股／債權）。

雖然台灣礙於法令，眾募投資尚未開放，但眾募商品已發展成我們提到的「酋長商務」。正和島社團裡的薛靖中，他發起「眾籌形成C2B的新金融型態部落」，擔任酋長，吸引超過500位企業家加入，一次訂購120輛特斯拉，就是酋長力量的展現，酋長的力量來自於無數的單一消費者，聚寡成眾，把價格制定權抓回到消費者的手裡，就是C2B新金融的內涵。

Consumer to Business

新能源／新技術

AI 要不是有史以來最棒的發明，

就是人類史上最可怖的悲劇。

當人類的心智被 AI 放大後，

成就將無可限量；

若創造出擁有意志的超級 AI，

等於是自尋死路。

── 英國知名物理學家史蒂芬・霍金（Stephen Hawking）──

2016 年劍橋大學未來智慧中心（LCFI）開幕演說

第五章

實現新商業文明的
新能源／新技術

在這本書裡，我們認為「新零售、新製造、新金融」是明天即將發生的事，而新能源（數據）與新技術（AI人工智慧，Artificial Intelligence）則是後天可預見的事，因為明天的創新正在累積後天所需要的數據。

簡言之，舊零售把人帶到店裡來（線上或線下），新零售則是把商店（線上和線下）帶到有人的地方；舊製造是B2C的大量生產，新製造是C2B的個人化生產；舊金融服務20%的有錢

人，新金融對另外80%的人也一視同仁，正在發生的改變，也是我們即將邁入的明天。舊技術是人類的工具（把人變成機器），新技術將是人類的夥伴（把機器變成人）；舊能源是餵機器石油，新能源是給機器數據；電子商務這個名詞將會淘汰，因為所有的公司都是電子商務公司，這將是可預見的後天。

從明天跨到後天，是一個由「大量客製化」邁向「個人化」的過程。這兩者的差別在於是否有個人主動參與的大數據，因為新零售、新製造、新金融不只是媒合買賣雙方的資訊平台，更是一個掌握個人大數據的個人化平台。物聯網的普及，加上AI的技術日臻成熟，智能化C2B時代，將會比你自己更了解你自己，這將是一個新社會、新規則，更是一個新商業文明。

大數據，驅動產業革新的燃料

大數據，就是馬雲所說的「新能源」。

過去，標準化與客製化靠的是資訊科技（IT，Information Technology），未來個人化更需要資料科技（DT，Data Technology）。DT也帶來了第四次工業革命（工業4.0），因為物聯網與感測技術的發達，工業能夠即時探知環境的資料，做出更有效的回應與風險預防，同時能監控每一個產品。當未來製造

業都必須成為互聯網和大數據企業，新製造業要的將不是石油，它最大的能源會是數據。

如果工業有4.0，那麼服務業是否也有4.0？第一代的服務業靠的是人力良莠不齊的表現；第二代服務業革命是標準化的SOP（標準作業程序）；第三次服務業革命靠的是資訊科技與通訊科技（IT and CT），講求客戶關係管理，是一種客製化；第四次服務業革命則是講求個人化，靠的是DT，一種隨時、隨地、隨緣、隨支付、隨通路思維下資料互聯的新零售消費。

有了個人消費行為的大數據之後，連結個人的社交生活，形成一個以大數據為根基的徵信系統，進而發展出個人融資服務的新金融。講到這裡，你應該可以發現，驅動零售、製造、金融，三大產業革新的燃料，就是大數據。

AI人工智慧的美麗與可怕

在美好的後天，**數據是燃料，AI人工智慧的新技術，就是協**助整個C2B新商業文明的引擎。從Google人工智慧AlphaGo，在圍棋上徹底打敗中日韓頂尖高手之後，電腦和人腦之爭一直是討論的熱點。我在學生時代讀過一本科幻小說，談到一群外星人在宇宙中尋找可殖民的星球，後來找到地球，因為地球被一群極

低等的生物統治，這群低等生物就是人類。

　　小說中描述人類如何的低等，記憶力差、計算能力也差，從出生到步入社會，要受教育20年；畢業時，又把過去20年所學都忘了。但是，這群低等生物卻發明一種高等的機器，就是電腦，電腦的記憶力、計算力都很強，沒有情緒也不會疲累。於是星際戰爭展開，依照暢銷小說的邏輯，結果當然是人類贏了，因為人類有一種電腦沒有的能力，就是思考學習與創意。

　　自從2006年開始，人工智慧深度學習（Deep Learning）的研究大有斬獲，讓語言影像識別、認知辨識，甚至行為預測的準確度都大幅提升。人工智慧領域可以分為機器學習以及自動執行兩個方向。在機器學習（Machine Learning）上，人工智慧是一種「合成智能」（Synthetic Intellects），透過無所不在的感知器、數位足跡、大數據，經由深度機器學習演算法而得，對你的了解可能比你自己還多。

　　過去，程式靠的是工程師的邏輯設計，現在則是靠電腦的大數據學習以及在深度學習中發現這個世界的特徵表達（Feature Representation）。比較可怕的是，人類智慧已無法理解人工智慧發展出的邏輯。所以一個完全不懂下棋的人，可能教出天下無敵的高手機器人；同樣的，一個不懂理財的工程師，也有可能訓練出比自己投資還準的投資機器人，只要餵給電腦夠多的學習

數據。在自動執行（Supervised Autonomy）上，電腦可以在人類無法感知的時間內替人們做決策並採取行動，像是Google可以精準地投放廣告；Amazon Echo更可以接受語音，替你訂餐、購物與控制家電；臉書可以幫你自動辨識人臉與挑選資訊；理財機器人可以在計算大數據的同時，以每秒10萬次的高頻交易幫你低買高賣。當然，智慧工廠、智慧城市、各種機器人、無人自駕車……，都是自動執行的代表。

由史丹佛大學團隊成立的Willow Garage公司，已經開始免費提供具有機器學習、視覺、語言等功能模組的機器人作業系統（ROS）給各界使用，未來機器人的開發門檻愈來愈低。

表面上看起來，人工智慧能夠帶來許多利益，但也有可能，因為彼此競爭或保護自己的主人而不經意地毀滅他人。2010年5月6日，道瓊工業指數莫名其妙跌了9%，1兆美元瞬間蒸發，美國證券交易委員會（SEC）6個月後才搞清楚，原來是一群高頻交易的理財機器人，在試探彼此交易策略的行動上失控了。也因此霍金博士才說，「AI要不是有史以來最棒的發明，就是人類史上最可怕的悲劇。」並警告人工智慧具有毀滅人類的危險。

台灣發展AI的機會

比爾・蓋茲（Bill Gates）曾表示，如果能重回大學，「我會選擇AI、能源或生物科技為專業。」那麼台灣到底有沒有發展AI的機會？31年前（1986年），我在清華大學向貝諾爾教授學AI。1992年，我在美國取得博士學位，回到台灣科技大學教授的第一門課，也是人工智慧。教了幾年，人潮散去、預算刪減，當時大多數人都覺得人工智慧沒有什麼產業價值。

但是，這一波AI的革命，我稱之為「新AI」，跟30年前我學的「舊AI」是截然不同的。這波革命約從2006年的深度學習研究開始。舊AI的專家往往認為新AI沒什麼，在技術上只不過是把類神經網路多加幾層，同時將輸入等於輸出，以算出特徵量，在功能上就如同「回歸預測」與「因素分析」的差別。

在舊AI的機器學習上，人類有一項重要工作是選取「特徵」，像是在手寫阿拉伯數字辨識上，人類直接以像素（pixel）作為特徵。在人臉辨識上，舊AI會先人臉特徵（如兩眼瞳孔間的距離等等）；或是在預測股票時，舊AI也要先選取股票市場特徵（如基本面、技術面、消息面等變數），再做監督下的機器學習，等於人類是老師，告訴機器學習結果的對與錯。

舊AI機器學習的好壞，取決於人類是否能夠選取出好的特

徵，但是新 AI 深度學習最大的貢獻就是，電腦可以自己找到特徵表達的方式，不需要人類的監督教導，效果卻比人類找到的還要好，麻煩是，人類看不懂！

新 AI 嶄露頭角是在 2012 年的全球視覺辨識大賽（Image Net），歷年來世界各地參賽者的圖片辨識率始終在 74% 左右的水準，但多倫多大學隊伍竟達到 85% 上下，原來他們用的就是「深度學習」的新演算法。一個準確率 7 成的技術是沒有商業價值的，但如果達到 9 成以上，許多應用就產生了。像是語音辨識方面，Amazon Alexa、Apple Siri、Google Now、Pepper 都是商業化的例子。然而，新 AI 的產業化革命，至今不過 6 年，如何發展還是未知數，但我認為，新 AI 至少會浮現 3 個機會。

一、「產生 AI 服務」的大母體

世界上存在著幾家大母體（如谷歌、臉書、亞馬遜、微軟、百度、阿里巴巴、騰訊），他們都要搶先成為新 AI 的作業系統，任何一家成功，都會讓新 AI 如 Android 一樣普及。目前台灣沒有機會的應該是這一區塊，根據在過去的歷史，台灣要發展作業系統的機會本來就很小。

二、「使用 AI 服務」的小前端

在母體上做系統整合，並發展前端應用，像是智慧製造、智慧家庭、智慧醫療等。台灣有許多具世界領導地位的硬體廠商，只要商品占有率的數量如螞蟻一樣多，就有機會勝出。

三、「設計AI服務」的數據化

台灣要善用物聯網感知器，設計自己的數據。與數位化不同的是，這一波AI革命要的是數據化。譬如有人在汽車椅墊下佈滿感知器，以學習駕駛人座椅的習慣特徵，形成防盜與防打瞌睡的智能系統此外，FinTech的大數據徵信、智能電表產生的能源智能管理，都需要螞蟻數量的數據化。

有愛的服務業

台灣有沒有發展AI的機會呢？當然有，因為機會是創造出來的。人類的上一波革命是機械，機械出現之後，很多農夫都說：「完了，有了耕耘機之後，我們就沒工作了。」工人也說：「有了自動化設備之後，我們會沒工作。」大家都很惶恐，但後來以為會沒工作的人都成為知識工作者（Knowledge Workers）。也就是說，如果沒有耕耘機，我們現在大多數人都還在耕田，大多數還在工廠上工。今天你會當工程師，我會來當

老師，是因為耕耘機取代了大多數勞力的工作，而我們成為了白領階級的知識工作者。

這一波的革命叫作 AI 人工智慧，人工智慧取代的就是 知識工作者的判斷。於是人們就跟過去農夫擔憂的一樣，說：「寫作機器人、理財機器人要來了，我們要失業了！」但是，從另一個角度來看，每次新科技出現，創造出的職業都比消失的職業多很多。你看，有了機械以後，就開始有電機工程師、機械工程師、程式工程師、網路工程師，這些工作都是農夫時代不存在的。那麼，有了 AI 之後呢？現有的工作的確會消失，但會出現很多現在還不存在的企業。

現在還不存在的企業，到底是什麼企業？從推理的角度來看，**機械取代的是體力，AI 取代的是判斷，如果人有靈、魂、體的話，機械取代的是「體」，AI 取代的是「魂」，無法被取代的是「靈」**；這就是創新工廠董事長李開復說，當 AI 解決了很多「人」的工作之後，人要開始做一件事就是「有愛的服務業」。

有愛的服務業跟五新有什麼關係？五新要達到的是 C2B，這個新文明和新社會是根基於互聯網的龐大社群，未來人類的力量不在於體力，也不在於判斷，而在於誰能夠營運這個龐大的社群。**要營運這個龐大的社群就要有愛，要有互動，要有同理心，要有消費者體驗**，這些其實都是愛的服務業的範疇，讓人與人之

間互信，讓人與人之間更容易合作。人際互動的社會資本越來越重要，管理社會資本的，不是靠體、也不是靠魂，而是靠靈。

　　未來，或許就像科技趨勢思想家KK（Kevin Kelly）所說的，「沒辦法預測，但軌跡非常清楚。」這個軌跡是，未來越來越多的體力跟判斷的事情，但是科技永遠無法取代的是人際之間的互動。未來的商業文明將從社會資本中產生生產力，在個人化大數據使得人們的信用變得更透明的情況下，要維繫社會資本，誠信、愛、同理心都變得非常重要。所謂的資本，就有投入／產出的概念，未來的產出都是根基於你在互聯網上的誠信行為和個人魅力，這也會形成後AI時代很重要的經濟成長數值。

　　同時，我們也預估C2B時代應該會是女性的天下。因為在狩獵、農耕為主的時代，需要男性的體力，到了工業時代需要男性的體力和邏輯，所以都是男性主導整個社會。到了後天的新商業文明，新能源和新技術取代了體力和邏輯性判斷，至於無法被取代的同理心、溝通能力、忍受痛苦的能力等，卻都是女性的特質。所以我們會預估，在後AI時代，女性對整個社會的影響力會越來越大。

不是生產商品，而是生產數據

　　我們從本書一開始就提到，要學習從後天看明天。如果後天的新能源是數據，台灣產業要養成一個習慣，我們不只是做產品，而是要在所有C2B的新零售、新製造、新金融中，創造出數據。這些數據，才是未來我們可以勝出的競爭力。如果台灣現在還在做大家都知道的事情，別人做新零售O2O，我也來做O2O；別人做工業4.0，我也來做工業4.0；別人做FinTech，我也做FinTech，那台灣產業永遠擺脫不了比價的命運。如果可以從今天、明天開始去創造數據，而且這些數據的數量可以比螞蟻還要多，那麼在美好的後天來臨之前，台灣就有一席之地了。數據為王，台灣產業在做所有事情之前都要想到數據，要有數據化的考量。

　　李開復認為，在後AI時代台灣沒有機會，所有的網路數據會被包括Google、Facebook等七大黑洞吃掉。配合馬雲說過的話，「能夠扳倒獅子的是一群螞蟻。」那七大黑洞就是獅子，台灣的確沒有機會去成為獅子，但可以做一群螞蟻。我們舉過加裝棋盤式感測器，可感知臀部施力點的汽車座墊的例子。如果把棋盤式感測器放在地板下方呢？老年人在家摔跤了，感測器馬上就知道，也可以由老年人走路的輕重測知他的健康狀況。本來地板

是沒有數據的，但是加裝了感測器之後，地板就開始有數據；有了數據就可以進行AI的設計。

數據，就是新能源。Google、Facebook等獅子，等於是全世界幫他們創造能源，而螞蟻則要有自己創造新能源的能力，才有辦法和獅子對抗。馬雲曾比喻，「非洲草原上只有餓死的大象和獅子，沒有餓死的螞蟻。」**台灣中小企業必須開始養成一種能力，要在沒有數據的地方創造出數據，當這種創造出的數據多如螞蟻，就有機會在新時代存活下來，甚至打敗獅子。**

台灣有沒有發展AI的機會呢？當然有，因為機會是創造出來的，關鍵在螞蟻的數量，以及C2B時代的大戰略。

天下有三種人，第一種人Make things happen（促使事情發生）；第二種人Watch things happen（看著事情發生）；第三種人等事情發生後，問道「What happened?」（詢問發生什麼事？）。

由衷希望，在美好的後天來臨之前，台灣從政府、企業到個人，我們都不是第三種人。

C2B逆商業時代

一次搞懂新零售、新製造、新金融的33個創新實例

作者	盧希鵬、商業周刊
商周集團榮譽發行人	金惟純
商周集團執行長	王文靜
視覺顧問	陳栩椿
商業周刊出版部	
總編輯	余幸娟
責任編輯	方沛晶
封面設計	米栗點鋪有限公司
內頁設計	米栗點鋪有限公司
內頁排版	薛美惠
出版發行	城邦文化事業股份有限公司-商業周刊
地址	104台北市中山區民生東路二段141號4樓
傳真服務	（02）2503-6989
劃撥帳號	50003033
戶名	英屬蓋曼群島商家庭傳媒股份有限公司城邦分公司
網站	www.businessweekly.com.tw
香港發行所	城邦（香港）出版集團有限公司
	香港灣仔駱克道193號東超商業中心1樓
	電話：(852)25086231傳真：(852)25789337
	E-mail：hkcite@biznetvigator.com
製版印刷	中原造像股份有限公司
總經銷	高見文化行銷股份有限公司電話：0800-055365
初版1刷	2017年（民106年）8月
初版9刷	2019年（民108年）4月
定價	420元

國家圖書館出版品預行編目(CIP)資料

C2B逆商業時代：一次搞懂新零售、新製造、
新金融的33個創新實例 / 盧希鵬, 商業周刊著.
-- 初版. -- 臺北市：城邦商業周刊, 民106.08
　　面；　公分
ISBN 978-986-95329-1-4(平裝)
1.電子商務 2.網路社群 3.企業經營
490.29　　　　　　　　　　　　106014992

金商道

The positive thinker sees the invisible, feels the intangible,
and achieves the impossible.

惟正向思考者，能察於未見，感於無形，達於人所不能。 ── 佚名